NATIONAL GEOGRAPHIC

【美】迈克·厄维哈特 / 著　吴飞翔 / 译

史前海怪

与8200万年前的海洋霸主同行

中国出版集团　现代出版社

和海王龙（*Tylosaurus*）靠这么近，可是有生命危险的！它们是史前海生爬行动物里最大、最成功的捕食者。

目　录

前　言

长期以来，恐龙在公众的想象力中一直占有特殊的地位。说起号称"恐龙时代"的中生代，肉食者霸王龙"苏"*和身披奇特甲板的剑龙（*Stegosaurus*）很快就浮现在人们的脑海中。但是，恐龙时代的海洋却被另外一类迷人的生物所统治，只可惜它们常常被人忽视。它们就是身形大得惊人的海生爬行动物，它们称霸海洋，威风无比，就如恐龙在陆地上称王，无人能敌。

在 1842 年理查德·欧文创造"恐龙（Dinosauria）"一词的数十年前，海生爬行动物的化石就已经在瑞士和英格兰被发现了，只是很多年来它们并没有引起公众太多的注意。在今天的古脊椎动物学教科书里，关于恐龙的内容一般都有好几章，但是关于海生爬行动物的内容却没几页。关于沧龙（*Mosasaurus*），这类有史以来演化最为成功的海生爬行动物，课本里的介绍也不过区区几段，甚至常常干脆忽略不提。这里，我需要将这种认识上的缺漏做一下修正。

自打我记事起，我就对化石和远古生命抱有浓厚的兴趣。但是直到我大学期间修习古生物学课程时才知道堪萨斯斯莫基山（Smoky Hiu）的白垩层，是产出全世界最好的晚白垩世海生爬行动物化石的宝库。尽管我人生第一次找到的化石标本只是一个小小鱼头的几片散骨和一颗鲨鱼牙，但这足以让我着迷不已！几年之后，我采集到了第一件沧龙骨架的化石，从此便迷上了这类巨大而成功的，不为人所熟悉的海洋掠食者。我发现，了解它们越多，自己就越对它们的世界感到好奇，便越有向人介绍它们的冲动。有些沧龙比霸王龙"苏"还要大，而且数量也一定更多，在水下世界，沧龙自然也就更具危险性。

电影《与海怪同行》（*Sea Monsters*）开拍的前几年，我有幸作为专业顾问参与其中。这个激动人心的新计划，其目的是制作一部精彩的影片，聚焦、复原并向公众介绍中生代时期海洋里巨大的海洋生物和它们的生存状态。值得一提的是，与 2005 年冬天《国家地理》推出的封面故事《与海怪同行》（其内容涵盖了三叠纪、侏罗纪和白垩纪三个时期）不同，这部电影则锁定大约 8200 万年前的白垩纪晚期。通过电脑动画复原，影片以长喙龙（*Dolichorhynchops*）的生活和经历为主线，并展现它所遭遇的令人惊叹的（或是致命的）动物。影片里还有古生物学家野外发掘现场的实景再现。通过这些细节，告诉观众们关于史前海怪生活过的那个世界，我们都可以知道些有趣的事。

身为电影顾问，我花了很多时间同巨幕电影制作团队沟通如何制作这部独

---

*译者注：1990 年，第一具完整的霸王龙化石被挖掘出来，这是 20 世纪最伟大的恐龙发现之一，这只霸王龙被命名为"苏"。

特的电影。尽管以前我也曾参与过科学资料的记录，但是参与电影的制作却还是第一次。然而这确实是一次难得的学习经历。我们要做大量的研究和努力，力求电影内容既准确又有趣。虽然我很熟悉这些生物，也很清楚它们长什么样子，但是要向圈外人介绍它们，就要求我必须找到更好的解释和交流方式。这对我来说，既是教，更是学。结果，这让我对这些史前海怪有了更好的理解。虽然担任这部电影科学顾问的经历充满困难，但这让我感到满足——因为当这些奇妙的动物"复活"时，我们得到了最有价值的回报。

　　本书作为这部电影的衍生读物，可以对这部 3D 电影畅快的节奏和炫酷的画面做一个很好的补充。在本书中，关于这些史前海怪——它们的生活、它们的世界、最早发现它们的古生物学家们等方面，你会知道得更多。那些电脑合成的令人惊叹的画面贯穿全书，在每章的末尾都有一个 3D 图像展示，那里有很多直接取材于电影的 3D 图片，书中配有一副特殊的 3D 眼镜，你可以戴上它观看图片；并且每章针对当前的科学主题配有附录内容，以供读者做延伸阅读；同时还有多页照片影集，其中很多都是以前从未发表过的标本或化石收集人的历史照片；书中各处还有很多拓展知识可以从《与海怪同行》的官网链接（*http://nationalgeographic.com/seamonsters*）中查到，在官网中你可以与影片中的动物们进行有趣的互动。另外，海怪形象、发掘现场实景，加上时间跨度和古地图强化了本书和电影的信息量，给读者带来关于这些海怪更多的科学信息。

　　本书是关于这些奇特而美妙的史前海怪最佳的文字资料。它可能会让你对于潜伏于水下世界的神秘生物，涌出更多的想象。我希望你在读这本书的时候，会享受到像我参与制作这部电影时一样的愉悦。

迈克·厄维哈特（Mike Everhart）
于美国堪萨斯，海斯，斯坦伯格自然历史博物馆

巨型幻龙
Nothosaurus giganteus
目：Nothosauria
侏罗纪时期·欧洲
约 4 米

第一章 何为海怪

近6米长的巨型乌贼（N. ... ... gig..tous）是最令人印象深刻的海怪之一，它的嘴里长满了小利的牙齿

海 里生活着某些未知生物或者"海怪"的念头已经在人类脑海里存在了几百年，或许这种念头早在我们的祖先划着小木船出海寻找新陆地的时代就已经萌芽了。在那个蛮荒时代，人类对自己栖居的陆地所知甚少，对环绕陆地的广阔海洋更是一无所知。设想一下，当你跟随第一批划船出海的先民，第一次看见一头巨大的蓝鲸在水面游弋，而在此之前你完全不知道它的存在，那时的你会作何感想？会有何反应？是否会感到恐惧惊慌？假如你只瞥见这庞然大物的一部分，而它旋即消失不见，或者遇见它时正值黄昏，光线晦暗，它若隐若现，你又会猜想这是什么东西？你会怎样向待在岸上的亲友们描述你的经历？你会告诉他们你见到了一头传说中的海怪吗？

板齿泰曼鱼龙
Temnodontosaurus platyodon
目：Ichthyosauria
侏罗纪时期·欧洲
约 9 米

左图：泰曼鱼龙的眼睛直径有 25 厘米，它将形似鱿鱼的箭石当作猎物。这种鱼龙能够在光线很暗的环境中看见东西，因此可以潜入深水寻找食物。

海怪
的进化

亿万年来，
各种各样的海怪在不断进化

巨型幻龙
Nothosaurus giganteus
距今 2.3 亿年前
欧洲
约 4 米
这种生物是已知最早的海怪祖先

西卡尼肖尼鱼龙
Shonisaurus sikanniensis
距今 2.2 亿—2.1 亿年前
北美洲
约 23 米
在加拿大发现的
一具鱼龙的残骸，
表明它是史上
最大的海生爬行动物

板齿泰曼鱼龙
Temnodontosaurus platyodon
距今 1.95 亿—1.75 亿年前
欧洲
约 9 米
这种生物的眼睛有
餐盘那么大，这样的大眼睛有助
于它在黑暗的深水中捕猎

残暴滑齿龙
Liopleurodon ferox
距今 1.6 亿—1.55 亿年前
欧洲
约 15 米
这是一种大型上龙，
有强有力的下颌和锋利的
牙齿，雄踞海洋食物链的顶端

距今 1.5 亿年前

250

240

230

220

210

200

190

180

170

160

三叠纪时期　距今2.52亿—2.01亿年前

侏罗纪时期　距今 2.01 亿—1.45 亿年前

4 位女性伸展胳膊来测量一只鱼龙的大小，这只鱼龙来自 2 亿年前的贵州。

摄于中国科学院古脊椎动物与古人类研究所。

150

安地达克龙
Dakosaurus andiniensi
距今 1.35 亿年前
南美洲
近 4 米
别名为"哥斯拉",可能是现代
鳄鱼的远亲

140

130

昆士兰克柔龙
Kronosaurus queenslandicus
距今 1.1 亿—9800 万年前
澳大利亚
约 10 米
以吞噬自己孩子的希腊神克罗诺
斯（Kronos）的名字命名

120

110

汉宁顿海霸龙
Thalassomedon haningtoni
距今 9500 万—9300 万年前
北美洲
约 12 米
一种可能会潜行捕猎的
长脖子薄片龙

100

90

普氏海王龙
Tylosaurus proriger
距今 9000 万—7300 万年前
北美洲
约 13.7 米
一种什么都吃（包括其他海怪）
的掠食者

80

古巨龟
Archelon ischyros
距今 8000 万—7400 万年前
北美洲
约 4.6 米
有记录的最大海龟，
体重超过 2 吨

70

60

距今 5000 万年前

白垩纪时期 距今 1.45 亿—6600 万年前

很显然，早期的航海者们确信他们在广阔的海洋上看到过未知的奇特生物，然后他们把这些见闻告诉其他人，比如那些地图绘制员。他们常用各种海怪的传闻或者想象点缀地图上代表海洋的大片大片的蓝色区域。最早的斯堪的纳维亚半岛的地图（绘制于 1539 年）上就标记着挪威和冰岛之间的北大西洋里生活着至少十几种不同的奇怪生物，其中一些很容易被认作是海怪。当然，这些说法一部分是实情，一部分却是传说或者讹传，其中大部分只是人们对目击者所见所闻添油加醋的传闻而已。

尽管有很多关于海里奇怪生物的故事，这些生物后来几乎都被证实并非真正的未知海怪。这里很多是已被科学界和航海者认识的现代生物，比如鲸鱼、在水面晒太阳的大鲨鱼、大乌贼等，而有一些则可能永远无法鉴别了。尽管如此，人们显然很愿意相信至少有那么一两种海怪是真实存在于我们这个世界的。

与这种念头相呼应，你手里的这本书讲述的就是地球上曾真实存在过的海怪的故事。它们来自中生代，即所谓的"恐龙时代"，距今 2.51 亿年至 6600 万年前。这个时期巨大的肉食性恐龙统治着陆地，而统治海洋的则是同样庞大而危险的海生爬行动物。这些动物的骨骼化石最早在英格兰和欧洲大陆被发现，那时候还没有"恐龙"这个词。大约在 1760 年，最早发现的海生爬行动物化石标本——沧龙类，来自瑞士晚白垩世的灰岩层。之后很快又有侏罗纪的鱼龙、蛇颈龙的化石在英格兰被发现。有了这些奇怪动物的骨骼，当时的科学出版物一般都会刊文推测这些史前怪兽的外形和行为，并绘制想象图。甚至一些科幻小说，如儒勒·凡尔纳的小说《地心游记》，为了使故事情节更生动，书里就有这些海生爬行动物考验英雄主人公们的情景。最近，我们还发现了更好的鱼龙、蛇颈龙

巨型幻龙
Nothosaurus giganteus

目：Nothosauria
三叠纪时期·欧洲
约 4 米

和沧龙的化石。而这些动物里有些甚至比目前已知的最大肉食性恐龙，如兽脚类恐龙霸王龙"苏"、撒哈拉鲨齿龙（*Carcharodontosaurus saharicus*）等还要大。正因如此，我们应该管中生代叫"海生爬行动物的时代"，甚至干脆可以称为"史前海怪时代"。

海怪是什么？

好了，言归正传，什么动物才能被称为真正的"海怪"呢？我们可以从下面几点来看。首先，它们不是一条硬骨鱼，不是一头大鲨鱼，不是一只翼龙，当然也不是一头恐龙。如此说来，就只剩下几类生活于恐龙时代的海生爬行动物可选了，它们有足够的资格配得上"海怪"的称号。在恐龙开始演化的中生代早期风头正劲的，有4类爬行动物成功地离开陆地重新回到海里。它们分别是鱼龙、蛇颈龙、海龟和沧龙。其他的爬行动物类群（比如早期的原始鳄鱼，楯齿龙等）也适应了水下生活，但是并没有获得上面那几类动物那样的成功，所以还够不上"海怪"的称号。值得注意的是，这些海生爬行动物都是用肺呼吸的，它们可没有像鱼那样可在水里呼吸的鳃。它们生活在水面附近，并且要时不时地浮到水面上来呼吸空气。

鱼龙（字面意思是"像鱼一样的蜥蜴"，或者"外形像鲨鱼、杀人鲸或者海豚一样的爬行动物"）的祖先可能是这4个类群里最早由陆地重返海洋的先行者。在中国、日本以及其他地方三叠纪地层发现的早期鱼龙化石显示，原始的鱼龙体形很小、身体细长而可以灵活弯曲，还没演化成鱼的样子。在随后的演化过程中，它们逐渐变大，桨状的尾巴越来越完美，由此开始迅速分化。在三叠纪末期，有些鱼龙种类的体形已经非常巨大了，比如发现于美国内华达州的长约15米的肖尼鱼龙（*Shonisaurus*），还有最近发现于加拿大

下图：长度不超过人手掌的小型海生爬行动物。这些胡氏贵州龙（*Keichousaurus hui*）的化石是在中国贵州省发现的。

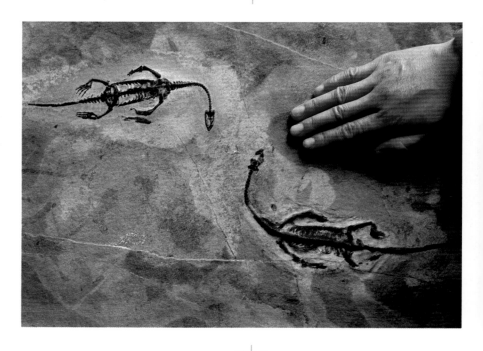

由于化石记录保存了成群的大型鱼龙，古生物学家们认为它们可能像现代鲸鱼一样成群结队地在开阔水域穿行。

的一个大约2.7米长的鱼龙脑袋。鱼龙在三叠纪和侏罗纪时期演化出了多种类型，在世界多个地区广泛分布。在德国侏罗纪黑色页岩里发现的精美鱼龙化石显示：这类动物能在水下分娩，小鱼龙直接从母体里出生，很快就能自主生活。这种繁殖方式看起来是成为大型海怪所必要的适应策略。鱼龙体形巨大，极盛之时种类众多，且非常成功地适应了海洋生活。然而，不知何故，它们在侏罗纪晚期个体数量急剧减少，多样性显著降低，直至白垩纪早期彻底绝灭了。

蛇颈龙类是第二类由陆地下水的爬行动物。已有的化石证据显示最早的蛇颈龙类可能在三叠纪晚期进入海洋*。目前我们对蛇颈龙类的祖先所知甚少，仅知道它们或许与三叠纪海洋里很常见的一类名叫幻龙的爬行动物有点儿关系。早期的蛇颈龙个头儿不大，身体扁平，呈椭圆形，中等长度的脖子上长着一颗小小的脑袋。它们借助桨状的四肢在海里游弋，其姿态看起来就好像在"飞行"一样。一个发现于美国堪萨斯州晚白垩世地层的短脖子蛇颈龙显示这类动物也和鱼龙一样，是在水下直接分娩的。侏罗纪时期，蛇颈龙迅速演化出很多不同的种类，其中有长脖子小脑袋的种类（真正的"蛇颈龙"）和大块头短脖子大脑袋，我们称之为上龙的种类。两种发现于英格兰和欧洲大陆侏罗纪岩层中的上龙类，*Pliosaurus*和残暴滑齿龙，确实足以跻身史上最大的海生爬行动物之列。而到了白垩纪早期，最大的水下捕食者则换成了其他的大型上龙类，如克柔龙（*Kronosaurus*）和短颈龙（*Brachauchenius*）。小型蛇颈龙骨骼上留下的咬痕和擦痕说明较大型的上龙会捕食同类的幼崽。

蛇颈龙们经历了中生代若干次小规模的灭绝事件并幸存了下来。到晚白垩世早期，一些海生爬行动物类群包括最后一批大型上龙彻底消失了。剩下的蛇颈龙，只有像神河龙和薄片龙（*Elasmosaurus*）这类脖子非常长的薄片龙，以及它们短脖子小脑袋的表亲——双臼椎龙科，如三尖股龙属（*Trinacromerum*）和长喙龙，还在顽强地存活着。这两个类群后来被发现的化石不多，但化石点在全世界分布很广。这两类蛇颈龙

* 译者注：根据中国的化石材料，这个时间可能推早至三叠纪中期。

活过了白垩纪的大部分时期，最终与恐龙、其他一些爬行动物以及地球上的很多生物在 6600 万年前灭绝了。

早期海龟的化石记录不算很完整，所以我们不太清楚最早的海龟是什么模样。龟类可能是在侏罗纪晚期从陆地先回到淡水然后扩散至海洋*。侏罗纪时期，龟类体形较小，为了安全起见，它们一般待在近岸的水域里。然而到白垩纪时期，海生的龟类变得更大，种类也更多了。在那个时期，硬壳的种类（像今天的赤蠵龟）和类似棱皮龟的种类都留有化石记录。或许是它们的龟壳更轻，长成不需耗费太多的能量，这些原始棱皮龟中的一些种类在晚白垩世长得非常大，几乎能达到一辆小汽车的大小和重量。正当这些龟类散碎的骨骼在其他地方不断被发现时，1871 年，E.D. 库普（E.D.Cope）在堪萨斯州西部晚白垩世的地层里发现了一具完整的海生龟类骨架。也许是巨大龟壳的构造让库普想到了支撑建筑物的椽子，所以库普将这个龟命名为巨型原盖龟（*Protostega gigas*）▶。尽管库普对这个龟的体形尺寸有些夸大，但这种动物的体长（从鼻端到尾巴尖）的确可以达到约 3 米长。白垩纪晚些时候出现的与原盖龟（*Protostega*）亲缘关系较近的种类——古巨龟（*Archelon ischyros*），甚至长得更大，它的体长竟接近 5 米！而它们的壳的宽度也达 2.1~2.4 米！如今，最大的棱皮龟也不过约 1.8 米长，体重约 500 千克。而原盖龟和帝龟（*Archelon*）每个就有上吨重！它们这么重的体重几乎达到了生长的极限，而这可能就是阻碍它们继续长大的主要因素，因为为了繁殖后代，这些种类的雌龟要定期爬到海岸产卵。在高潮水位时拖着沉重的身躯爬上海滩，还要在沙地掘洞、产卵，然后在太阳升起前爬回海洋，让阳光的温暖穿过巨大的背壳给体内带来热量，这对于身形巨大的生物来说都不是件容易的事情。在美国堪萨斯州海斯市斯坦伯格自然历史博物馆收藏的一具龟类标本显示，其腹甲上有很多擦痕，可能是成年龟拖着重重的壳在沙地上爬行时磨刮造成的。而正在孵化的小龟也很容易成为各种海洋爬行动物的食物，最近在澳大利亚发现的一具早白垩世的鱼龙肚子里就有一只未消化的幼龟。

---

*译者注：中国科学院古脊椎动物与古人类研究所的古生物学家在贵州晚三叠世地层里发现的最早的海生龟类重新解释了龟类的演化历史。

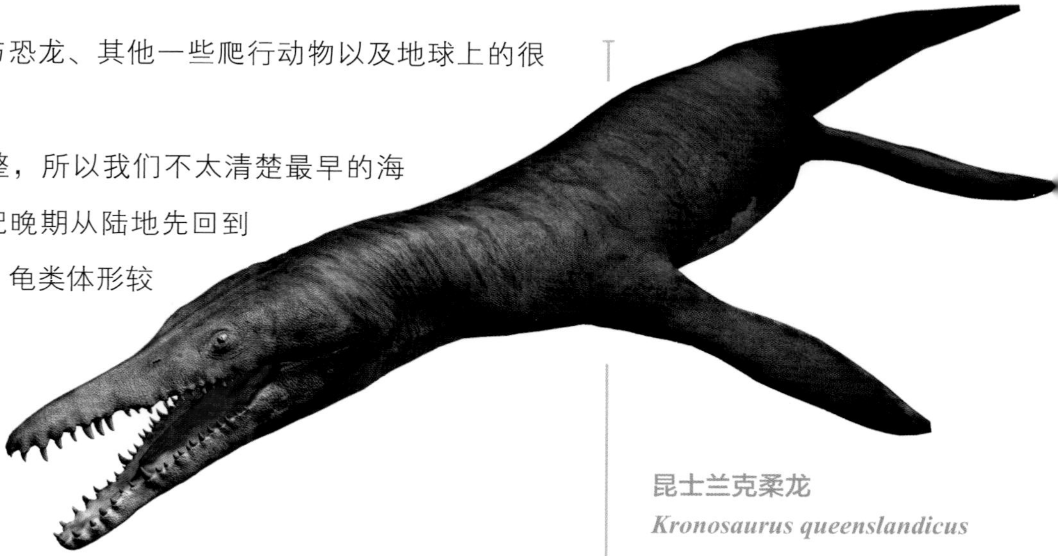

昆士兰克柔龙
Kronosaurus queenslandicus
目：Plesiosauria
白垩纪时期·澳大利亚
约 10 米

网页链接

更多关于巨型海龟的信息，
请访问电影官方网站。

左图：这些吓人的牙齿属于一只蛇颈龙，其遗骸是 1983 年被几位澳大利亚矿工发现的。

海怪的名字通常含有重要的意义。以下是本书中一些拉丁学名的含义：

古巨龟 *Archelon ischyros*=
巨型海龟
长喙龙 *Dolichorhynchops*=
具有长鼻子的脸
薄片龙 *Elasmosaur*=
长着薄骨片的蜥蜴
海诺龙 *Hainosaur*=
来自海诺河的蜥蜴
鱼龙 *Ichthyosaur*=
鱼形蜥蜴
克柔龙 *Kronosaur*=
克罗诺斯蜥蜴
沧龙 *Mosasaur*=
默兹河里的蜥蜴
蛇颈龙 *Plesiosaur*=
接近蜥蜴的爬行动物
上龙 *Pliosaur*=
多种蜥蜴
巨型原盖龟 *Protostega gigas*=
长着屋顶一样背壳的巨型海龟
肖尼鱼龙 *Shonisaurus*=
来自肖尼山脉的蜥蜴
神河龙 *Styxosaur*=
来自斯堤克斯河的蜥蜴
泰曼鱼龙 *Temnodontosaur*=
长着有切割功能牙齿的蜥蜴

1967 年，在美国堪萨斯州进行野外考察的教师们发掘了这些沧龙的遗骸，这是一只几乎完整的长达 5.2 米的板踝龙（*Platecarpus*）。

在美国堪萨斯州的斯莫基山晚白垩世的石灰岩里，龟化石很普遍，但是一般都很散碎，说明这些骨骼可能是其他捕食者吃剩的残骸。而体形较小的海龟更容易成为鲨鱼或者沧龙的捕杀对象。原盖龟和帝龟尽管体形巨大（或许也正因为如此），它们在白垩纪末期都灭绝了。然而，尽管总有来自大型掠食者的残酷捕杀，龟类通过大量产卵的繁殖策略，让体形较小的种类在大灭绝中幸存下来，而这样的灭绝却让其他大型海生爬行动物遭遇了灭顶之灾。

沧龙（其名字意为"默兹河里的蜥蜴"，它的名字来自其发现点附近的一条河）虽然是中生代最后一批由陆地返回海洋的海怪，它们却是最先被人们发现并被认定为已灭绝物种的海生爬行动物。第一批沧龙的化石是一个不完整的头骨和一些散骨，这些材料大约在 1766 年发现于荷兰晚白垩世的灰岩中。这些标本中的一部分存放在荷兰哈勒姆的泰勒斯博物馆，至今它们仍静静地躺在这个博物馆里。然而，直到 1770—1774 年，沧龙新的化石在马斯特里赫特石灰岩矿坑里重见天日时，那些"最初的发现"仍没有引起科学界的注意。在矿坑附近，工人们在切割建房子用的石灰岩砖块时发现了一件近乎完整的大型动物

的头骨化石。1829 年，这个动物有了自己的学名——霍夫曼沧龙（*Mosasaurus hoffmanni*），这个名字是为了纪念将它推介给当时科学界的霍夫曼博士。这个头骨化石今天仍陈列在巴黎的法国国家博物馆里。

在美国，路易斯和克拉克科考队的一些人报告说他们于 1804 年 10 月在南达科他州密苏里河岸皮埃尔页岩的峭壁上，见到了一条 13.7 米长的鱼的脊椎。不幸的是，这具被送往华盛顿的动物化石标本最终竟不翼而飞，所以这究竟是什么动物，也就不得而知了。然而，晚白垩世并没有这么大的鱼。尽管它也可能是比较罕见的长脖子蛇颈龙的骨头，但最有可能的还是一头大型沧龙的残骸。大约在 1830 年，人们在南达科他州，发现了另一头沧龙的头骨和身体其他部分的骨骼化石。有科学家描述了这个头骨的一部分，但是却错误地将其命名成密苏里鱼龙（*Ichthyosaurus missouriensis*）。这块标本的其他部分后来被运去德国进行了修复，最后才被认出来是沧龙，并被改命名为密苏里沧龙（*Mosasaurus missouriensis*）。由于这个标本的头骨是立体保存的，所以它揭示的信息比霍夫曼沧龙要更多。

晚白垩世有很多种沧龙。它们中像海诺龙（*Hainosaurus*）这样的种类可以

上图：就像亿万年前一样，地质的伟力至今仍在发挥着作用。活跃的海底火山制造了大量热液出口，就像法属波利尼西亚群岛附近的这座海底火山一样。

地球上的陆块一直在移动。地球最上层的是地壳，它由许多板块组成，这些板块不停地在由熔岩形成的地幔上面滑动。在这些板块移动的过程中，有些板块彼此相遇，从而造成大规模的板块碰撞，进而塑造了地球上陆地和海洋分布格局。今天地球表面的陆块形状和位置早在千百万年前就已经成型了。地球的表面形态以及地球上生命的形式，随着板块的构造运动，在地质历史时期中一直在演化。

两亿年前，地球的陆块由一个被称作"盘古"的超级大陆组成。地球上一些非常古老的山脉，比如北美大陆的阿巴拉契亚山脉，苏格兰的喀利多尼亚山脉当时就已成型。特提斯洋——今天的地中海*在地质学上的前身，几乎完全被几个大陆环绕。而超级大陆以西的一大片地方则被一个名叫"泛大洋"的古海洋所覆盖。

随着时间的流逝，欧亚大陆从这个超级大陆分离出来，此后超级大陆再慢慢分裂成南极洲、非洲、南美洲和北美洲。到1亿年前，这些源自超级大陆的各陆块之间的大裂缝发育成了今天几个大洋的雏形。那时候，一个巨大的浅海将北美大陆分成两半——这就是所谓的"西部内陆海道"，这里曾是地球上一些最著名的海生爬行动物的家园。

尼斯湖水怪独家照片

一具被冲到尼斯湖岸边的神秘尸体。

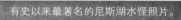

有史以来最著名的尼斯湖水怪照片。

1983 年拍摄的录像显示，一道神秘的水花冲破了尼斯湖的湖面。

一幅想象中的海怪交锋图。

这些椎骨化石是在尼斯湖畔发现的。专家们怀疑它们是被人埋在那里的。

1934 年，英国退休外科医生罗伯特·威尔逊拍下了一张史上最为著名的神秘动物的照片。威尔逊的照片证实了公众关于尼斯湖水怪的想象，人们认为，如果这种水怪能把脑袋伸出水面那么高，那么它就很像长脖子的薄片龙。来尼斯湖的旅行者们都一心想要见到水怪，而威尔逊的照片则成了这个水怪的标志性象征。另一张照片拍摄于 1955 年，出自一位名叫皮特·麦肯纳布的苏格兰银行经理之手。这张照片重新点燃了人们对尼斯湖水怪传说的热情。尽管从这张照片上看到的只是一个模糊的影子，似乎有一个又长又大的家伙在水里游动。

质疑者并不把这个新"证据"当回事。调查者们还发现了韦瑟雷尔发现的那些脚印实际上也是他伪造的——他用一个填充的河马脚制造了这些脚印。麦肯纳布的照片也被人揭穿来自一张早年伪造的底片。但是几十年过去了，威尔逊的那张神秘图片依然颇受欢迎。1984 年，英国摄影学杂志刊文指出，基于其他细节判断，威尔逊那张照片中的物体长度不会超过 1 米。文章作者认为，那可能只是一只水獭或是停在水面的鸟。如果那个物体真是一头现代的薄片龙，照片所显示的动物头部和脖子的位置，在物理学上来说是不合理的。

强大的海霸龙从侧面撕咬猎物，咬合后的牙齿把它死死夹住。今天的鳄鱼也使用类似的捕猎技巧。

大约在鱼龙占据海洋的同时，一种生活在近岸的名叫幻龙的小型爬行动物正开始演化出更大的，且更适于较长时间海洋生活的类型。最终，它们的四肢演变成了僵硬的桨状，这可以让它们像长有四翼*的企鹅一样在水里游弋。在晚三叠世的某个时候，最早的蛇颈龙也离开陆地开始它们完全的海生生活。由于体形更大，并且种类更多，它们可能与鱼龙有一定的竞争关系，二者争夺同样的食物。蛇颈龙的胃容物化石显示在侏罗纪时期它们主要捕食头足类，而到了晚白垩世，它们的主要食物则由软体的无脊椎动物变成了鱼类。蛇颈龙在侏罗纪和白垩纪经历了几次灭绝事件，但是它们总是能转危为安。在晚白垩世，强大的沧龙带来的直接竞争和捕杀让蛇颈龙变成了一类被边缘化的捕食者。尽管蛇颈龙的残骸在世界各地白垩纪末的地层中均有发现，但它们的数量仍不及前文提及的沧龙。

海龟显然非常保守，它们在食物链的位置也很低，所以它们并不需要与其他海生爬行动物竞争食物和其他资源。虽然生活在海里，但它们保留了与陆地的联系，仍保留着在沙滩爬行的能力，这样它们就能定期地回到陆地产卵。在晚白垩世时期，它们演化出更大的体形，数量也更多。从体形大小来说，它们勉强称得上海怪，但相对于其他凶猛的掠食者来说，却是很温和的海怪了。

像蛇颈龙一样，沧龙也是由曾生活在近岸的一类蜥蜴演化而来。沧龙祖先下水的时间在晚白垩世的最早期，并且古生物学家认为它们的祖先是一类叫作 *Aigialosaurs* 的小型蜥蜴（长约 1.2~1.8 米）。这些原始的沧龙在全世界很多地方都有发现。有证据显示，可能有好几种早期沧龙在不同的地方同时入海。与

无齿龙
Henodus chelyops

目：Placodontia
三叠纪时期·欧洲
约 2.7 米

*译者注：后腿特化成翼状或者鳍状。

古生物学家乔治·雷伯·维兰德（George R. Wieland）站在 3.4 米高的古巨龟化石旁边，这是 1895 年在美国南达科他州发现的古海龟化石。

网页链接

更多关于沧龙的信息，请访问电影官方网站。

鱼龙和蛇颈龙一样，沧龙▶一旦进入海洋，它们就开始快速的辐射演化，同时体形也在变大。造成这个结果的部分原因在于，作为顶端捕食者，那时候它们没有太多的竞争者。当时鱼龙已经灭绝，最后的大头蛇颈龙（上龙）也行将覆灭。然而，那时候还有巨型的史前鲨鱼，在和沧龙共存的几百万年时间里，这些大家伙给沧龙带来过不少麻烦。而且，沧龙还要和其他大型肉食性鱼类竞争。但是沧龙却有自身的优势，它们能在水下产崽，还能长得足够大，并且捕猎的方式也相当独特，因此可以赢得竞争。它们是非常有攻击性，而且有实力的掠食者。在它们存在的那段短短的地质历史里，沧龙绝对是地球上所有海域里最大的肉食者和毫无争议的顶端捕食者。看起来，6600 万年前海洋生态系统的崩溃让它们走向衰落。不过，它们的灭绝对人类而言却算一件好事。不难想象，与沧龙那样的生物共享今天的海洋，会是一件多么恐怖的事情。

　　沧龙，也许还有一些蛇颈龙，是最后一批大型海生爬行动物，也是中生代时期最后一批海怪。在恐龙时代的最后阶段，海洋遭受重创，很多生物就此灭绝。之后海洋生命快速复苏，一些新的生物夺过了"海怪"的称号。白垩纪之后，哺乳动物取代了爬行动物成为陆地上的主宰，并且在几百万年的时间里，一些哺乳动物像当年爬行动物一样从陆地重返海洋。一种早期鲸类龙王鲸（*Basilosaurus*，曾被误命名为"蜥蜴之王"）看起来很像沧龙，并主要以鱼类和乌贼为食。可见，虽然沧龙已经灭绝，但大自然母亲并没有轻易放弃沧龙那种成功的"设计"，不过龙王鲸游泳时尾巴是上下拍打而不是像沧龙那样左右摆动。

另一种可怕的动物——巨齿噬人鲨（*Carcharodon megalodon*），这种巨型鲨鱼同样配得上"海怪"的头衔。据推测，这些大鲨鱼体长可达 15 米，并且长着刀刃一样锋利且像锯齿一般密集的牙齿，这些牙齿足有 15~17 厘米长。这些大块头很可能捕食海里的哺乳动物。但几百万年之后，它们也灭绝了。今天的蓝鲸（30米长，2 吨重）理所当然也是有史以来最大的动物之一，尽管它们体形大得吓人，但除了那些被它们吞食的小小的磷虾外，它们对任何生物都没有危险，所以很难把它们算成真正的"海怪"。这些鲸鱼和鲨鱼块头虽大，它们却可能不曾达到中生代时期巨型海生爬行动物的数量，也从没有像沧龙那样拥有过制霸天下的主宰地位。

杆菊石
Baculite

目：Ammonitida
白垩纪时期 · 世界性分布
约 1.2 米

右图：一只孤独的长喙龙在浅滩里搜寻食物。古生物学家认为，当食物充足时，这些生物会经常出没于沿海水域。

白垩纪晚期的地球

地球一直在变化。就人类的经验而言，身边的环境在人的一生之中或者自祖辈、祖祖辈的时代以来，看上去好像没有多少变化。但是地球和气候实际上总是在缓慢变化。我们叫作大陆的、原以为静止不动的陆地主体，其实是漂浮在熔化的液态地幔之上，在某种尚未被完全认识的力量的驱动下持续地移动并彼此分离。这种地质活动造成地震和火山，侵蚀陆地的地质力量持续不断地改造着地球的表面。人们也已经对全球变暖和人类在温室气体产生与排放中的影响提出了合理的关切。但是在更大的时间尺度上看，地球仍然处在 1 万年前末次冰期之后的复苏过程中。如果回望地球更久远的地质历史，我们会发现地球

的平均温度一直比一般认为的"正常值"要高一些。人类历史和史前时代的很长一段时期内，地球都处在几亿年以来温度最低的一个阶段。地质历史上的地球通常比今天的世界更加温暖，而白垩纪正是这种暖期的典型例子。

晚白垩世时期，气温比如今要高好几摄氏度。那时候南北极还没有冰盖。只要有陆地的地方，森林和恐龙就能分布在南、北半球同样纬度的地区。由于水没有以冰盖或冰川的形式固定在极地地区，海平面比现在要高得多。当时地球表面多达85%的部分被海洋覆盖（现今大约有71%的地球表面是海洋）。那时候地球真是一个名副其实的"水球"。这些海域的许多部分都比较浅，它们曾覆盖着今天大陆上地势较低的地方。北美大陆几乎整个中、西部都被一个名叫"西部内海"的海域所淹没。这片浅海以及世界其他地区与之类似的海洋是充满生机的世界，它们为大鲨鱼、大型鱼类和庞大的海生爬行动物等大型捕食者提供了丰富的食物来源。

蓝鲸
Blue Whale

目：Cetacea
古近纪·世界性分布
约33.5米

在中生代，陆地上的生命世界由大群的食草恐龙和数量较少的中等到大型食肉恐龙所主宰。同时也包括鸟类和哺乳动物等小型动物，但是它们都只是配角，只有恐龙才是垄断陆地统治权的王者。那时的植被和现在看起来很相似，由针叶林和落叶林组成的森林十分繁盛。叶片狭长的草本植物开始演化，有花植物和传粉昆虫（如蜜蜂）之间复杂的生态关系也在悄然发展。除了相貌古怪的恐龙，晚白垩世时期的陆地环境与我们今天的世界看起来并没有很大的不同。

然而，在很多方面，海洋里的生命却向着一个不同的方向发展。晚白垩世生态系统食物链的基础也和今天一样，依赖于微生物藻类和其他可进行光合作用的生物（生产者），它们通过生物化学作用将阳光转变成复杂的有机物分子，这些是生物生长与繁殖的物质基础。更大的生物（消费者）就以它们为食。白垩纪晚期，海洋里大多数初级消费者都依赖这些单细胞生物而活。实际上，在生态系统营养金字塔上，单细胞光合自养型生产者之上的每一类生物都是消费者。一些生物，如较大的微生物、细小的鱼类幼体、头足类以及其他海洋生命，就以这些微小的生物为食。与此时的陆地不同，从已有的化石记录来看，当时

的海洋里没有嚼食海草的大型食草动物，可能也没有和今天姥鲨（*Cetorhinus maximus*）及须鲸（*Balaenoptera*）相似的滤食型海洋动物。

几乎所有的生物，从以亿万计的小如拇指的鱼类到巨大的沧龙，都是捕食者，它们都有为捕食而生的颌骨与牙齿，并且食欲旺盛。这个时代的一些最小的鱼类，如矛齿鱼（*Enchodus*），牙齿居然大得出奇，为此人们给它取了个响亮的绰号——"剑齿三文鱼"。这些鱼类又是更大型鱼类的食物，甚至连自己的表亲也会吃它们。而那些捕食者又都是更大的鲨鱼和沧龙的盘中餐。目前已知最大的硬骨鱼类之一，勇猛剑射鱼（*Xiphactinus audax*），最大可以长到大约 6 米，它能够一口吞下占自己体长一半的大鱼，当然这样的吃法并不总是那么惬意，有时候也会要了它的命。

那时候的鲨鱼，如曼氏白垩尖吻鲨（*Cretoxyrhina mantelli*），可以长到今天的大白鲨那么大。小一点的鲨鱼，如鸦鲨（*Squalicorax*），以鱼和腐尸为食。晚白垩世的薄片龙等蛇颈龙类多数时候吃鱼，也吃鱿鱼和其他头足类动物。它们只吃这种大小的猎物，对比这更大的生物，则秋毫无犯。海龟们可能和今天的同类吃的东西差不多——水母、海藻、小型甲壳动物都可以是它们的食物，偶

在霸王龙生活的年代，地球比现在更暖和。世界上近 85% 的地区被海水覆盖。

晚白垩世的生物看起来和今天的生物迥然不同。大型的爬行动物或在天空飞行，或在地面游荡，或在海洋游弋，都在搜寻着猎物。暴龙（上图）像戈尔冈龙（*Gorgosaurus*）一样，在大地上四处游走。它们是令人恐惧的猎手，但也必须要有食物果腹。北美洲西部内海的水面之下，充满着各种各样的生物。大群的矛齿鱼为更大型鱼类，如剑射鱼，和海生爬行动物，如四肢如桨状的长喙龙（右页上，下）提供了充足的食物来源。有研究者认为这些矛齿鱼群可能每年都会从浅海游向深海或开阔的海域，于是，以它们为食的掠食者们也就一路跟随其后，游向远洋。然而，深海之中却暗藏危机。

在晚白垩世，海王龙雄踞食物链顶端。这些可怕的掠食者可以长到12.2米长。

摘掉眼镜，
准备进入下一页

第二章 化石猎人

一群菊石正沿着海床漂流。菊石化石通常可以帮助古生物学家确定地质年代。

1867 年的春天，堪萨斯西部，希尔菲留斯·H. 特纳（Theophilus H. Turner）医生正在考察华莱士堡附近出露的皮埃尔页岩。特纳医生在华莱士堡服役时曾是一名军医。在堪萨斯城和丹佛市之间有若干前哨基地散布在太平洋铁路沿线，华莱士堡是最靠西的一个。特纳医生下班之后经常打猎水牛和羚羊，或者采集矿物标本。在堪萨斯的短暂逗留期间，他对西部大草原有了很多了解。但在那一天，他遇到了一些无人见过的东西。在一处灰黑色页岩出露地闲逛的时候，他注意到了一串很大的黑色物体。这些既不是岩石也不是土块。以他专业的视角来看，这些东西倒像是些埋在岩石里的几块大型动物的骨头。当他挖开松散的页岩碎片时，他才意识到自己邂逅了某种已灭绝的史前怪兽，只是不知它已在堪萨斯西部平原的地底下被埋藏了多久。

特纳那天挖出了一些椎体，之后他将其中的三个椎体交给一个铁路勘测员，请他运回费城。这几个椎体每个都长达十几厘米，很粗重，形状像线轴。几个月后，那个铁路勘测员将这些椎体寄给了 E.D. 库普。那时库普才 28 岁，是费城自然科学院的一位博物学家兼古生物学家。爬虫学出身的他立马认识到这些骨头的重要性，而且有一种直觉——这些骨头来自一种名叫上龙的大型海生爬

勇猛剑射鱼
Xiphactinus audax
目：Ichthyodectiformes
白垩纪时期·北美洲
约 6 米

左图：凶猛的剑射鱼正在觅食，寻找下一顿饱餐。这些巨型掠食者可以长到 5.2 米，它们能吃掉 1.8 米长的鱼。

主要的
化石发现

过去200年里
发现的化石揭示了
许多关于海怪的秘密

发现者：J. L. 霍夫曼医生
（Dr. J. L. Hoffmann）
发现时间：约1780年
发现地点：荷兰马斯特里
赫特默兹河
科学发现：这是第一个为人类所
知的沧龙头骨。为纪念发现者的
贡献，最终以他的名字命名为
霍夫曼沧龙

发现者：玛丽·安宁
（Mary Anning）
发现时间：约1820—1821年
发现地点：英格兰莱姆里吉斯
科学发现：发现了第一具几乎
完整的蛇颈龙骨架

发现者：希尔菲留斯·H. 特纳
医生（Dr. Theophilus H. Turner）
发现时间：1867年
发现地点：美国堪萨斯州华莱士堡
科学发现：迄今为止最大的薄片龙
之一，这就是后来由爱德华·德
林克·库普（E. D. Cope）组装的
扁尾薄片龙

一整条鳃腺鱼被困在一个更可怕的掠食者的腹腔里。

虽然它是一个现代复制品，但仍能让人感到惊奇不已。

1880

1890

1900

1910

1920

1930

1940

1950

1960

1970

1980

1990

2000

2010

发现者：查尔斯·斯坦伯格和乔治·斯坦伯格（Charles & George Sternberg）

发现时间：1900 年

发现地点：美国堪萨斯州洛根县

科学发现：一种新的蛇颈龙——奥氏长喙龙

发现者：查尔斯·斯坦伯格（Charles H. Sternberg）

发现时间：1918 年

发现地点：美国堪萨斯州洛根县

科学发现：一具几乎完整的海龙王骨架，里面有被消化过的幼年蛇颈龙的骨骼，这是首例沧龙捕食蛇颈龙的证据

发现者：乔治·斯坦伯格（George Sternberg）

发现时间：1952 年

发现地点：美国堪萨斯州戈夫县

科学发现：一个剑射鱼标本，完整地保存了它的"最后的晚餐"——一条鳃腺鱼

发现者：伊丽莎白·尼可斯（Elizabeth Nicholls）

发现时间：1999—2001 年

发现地点：加拿大不列颠哥伦比亚省

科学发现：迄今为止发现的最大的鱼龙——西卡尼肖尼鱼龙，长约 21.3 米

自19世纪中叶以来，堪萨斯州巨厚的白垩层，如"碑岩"，就是化石猎人们探索故事的舞台背景。

行动物。上龙的命名取自当时欧洲和美国的古生物学家刚刚开始了解的一个史前阶段。

　　库普的回信给了特纳医生很大的鼓舞，于是他于次年冬天又回到化石点。这一次他做足了准备，誓要开展一次全面的挖掘。1867年圣诞节前后，他和其他来自华莱士堡的士兵在页岩里开挖，他们用锄和铲挖出了不少特纳早前发现的那种巨大的骨头。特纳在一封给他兄弟的信中写道他已经采集到了"一些超过10米长的东西"，这些可能是怪兽的一段脊柱，并且还有"一块包有大量骨骼的坚硬岩石"。

　　总之，特纳和他的同伴们那次发掘到了大约400千克的骨骼化石和其他的相关材料。这是当时世界上所收集到的最大的一批化石，也在西堪萨斯大平原上掀起了一股寻找化石的"淘金热"。特纳发现的化石先由军用运货马车载送，再经火车运到费城的库普先生那里。库普于1868年3月公开报道了特纳医生在堪萨斯页岩里发现的一种新的上龙种类，他将其命名为扁尾薄片龙

（*Elasmosaurus platyurus*）。寻找化石的热潮如火如荼，而特纳找到的上龙也是当地第一例海生爬行动物的化石记录，这个化石连同之后的许多发现，证实了曾有各种各样的海怪统治着堪萨斯的海洋。

化石形成的过程

尽管特纳医生的发现很重要，但堪萨斯地区海怪的第一批化石并不多。那几件保存在博物馆的化石，大多也比较残缺。这些动物曾在地球上存在了上千万年，所有这些已采集到的化石遗存，仅仅代表它们历史的一小部分。许多海怪曾经存在过，死后却没有留下任何有价值的化石。一件化石的形成关乎一系列发生概率极低的事件，而且这些事件要在正确的时间、正确的地点，并且以正确的次序发生，只有这样，骨骼才能以化石的形式被保存下来。只有这样，千百万年之后的化石猎人才有可能挖到化石，并通过研究它们了解那个久远的世界。

动物一旦死亡，很多自然过程便开始发挥作用。大多数情况下，掠食者、食腐者，以及分解者很快就会将尸体清理干净。动物尸体里的有机物质对生态系统来说很有价值，并且一点儿也不会被浪费掉。近期有证据显示，即使是沉入深海海底的巨大的蓝鲸遗骸，在短短几年之内也会被鱼、无脊椎动物、细菌，以及其他有机物完全消解掉。然而，死亡动物的残骸若要被石化，所有这些自然过程的作用必须被弱化或者完全被隔绝。海洋环境有利于石化过程的发生，因为海底的沙砾、泥沙，或者石灰质的沉积物可能会迅速地将动物尸体掩埋，使其不被其他动物发现、吃掉，因而动物的遗骸不会遭受破坏。

动物遗体在解体后有时能逃过掠食者的吞食，沉落到海底。在那里它们也可能被保存成化石。在其他条件下，动物的遗体可能会因为腐烂而胀气、膨大，漂上水面。在水里随波漂流时，慢慢地，尸体的各部分散落开来，它的前后肢、头颅和椎体陆续地沉入海底。待这些遗骸落到松软的泥质海底之后，无脊椎动物和像细菌一样的小型生物们便慢慢地开始分解包括肌肉在内的软组织。偶尔，海底的泥层可能把尸体的一部分封存起来，这样一些有趣的很能反映生物特征的东

这个化石是迄今为止发现的第一个骨架呈关联状态的蛇颈龙。化石猎人的先驱玛丽·安宁（Mary Anning）于19世纪初在英国多塞特郡的莱姆里吉斯发现了它。

生命之旅终于走到了终点，长喙龙在浅滩死亡，并沉入海底，在那里，它的遗体被保存下来，并在数百万年后变成了化石。

"马斯特里赫特的野兽"

18世纪70年代，荷兰矿工在石灰石采石场挖掘石料时发现了一个巨大的头骨。人们以附近的城镇之名称之为"马斯特里赫特的野兽"。这个巨大的头骨原来属于一头沧龙，这是沧龙最早的化石记录之一。到1829年，它拥有了自己的学名：霍夫曼沧龙。

在电影《与海怪同行》（*Sea Monsters*）中，人们在河堤上挖出了一件长喙龙化石。电影中的女演员再现了古生物学家们在取出化石标本过程中所表现的细致与耐心。

西，如软组织、软骨、皮肤印痕，甚至是死亡前的那顿"最后的晚餐"可能连同骨骼一起被完好地保存下来。

遗骸的分解作用进行得很快，快则几天，慢则几周，骨骼上的肌肉就会被全部分解。当微细的、白垩质的沉积物在暴露的骨骼上慢慢堆积时，有机物的分解过程也在继续。幸亏这些无脊椎动物和微生物足够小，它们的分解作用并不会破坏动物的骨骼。这样的情形是化石得以形成的理想条件，堪萨斯斯莫基白垩层当时的情况就是这样，各方面的条件都有利于遗骸的保存，所以整件骨架就被完好地存留了下来。

随着沉积物在其周围的沉淀和累积，被埋的动物残骸经历了缓慢的石化过程。围绕骨骼的松软的石灰质泥层被上面覆盖的沉积物不断挤压、压实，泥层里的水分被挤出，只剩下质地很细的由无数海生浮游生物钙质碎片组成的基质。最终，这些脱水的泥层变硬成为"白垩"，因此也就成为埋葬海怪们和其他动物遗骸的坟场。这些由白垩质围岩包埋的史前动物的石化骨骼就此被封存了起来，经过了亿万年的沧桑变化，地质运动把它们带到地表，将其骨骼暴露出来，史前生命由此得以重见天日。

在堪萨斯——实际上在北美大陆中西部的大部分地区，内海水体大约在白垩纪末，距今约6600万年前逐渐退去。同样规模巨大的地质作用，一方面造成

◀第一步：

1952 年，乔治·斯坦伯格在堪萨斯白垩层中发现了一件 4 米长的剑射鱼化石。这条大鱼是一件近乎完整的标本，它体内还保存着一条约 1.8 米长的鳃腺鱼，这是它的最后一顿饱餐。发掘队先仔细地清理了化石周围的岩石和杂物。接下来，他们在化石的外围建造了一个木框作为保护。

◀第二步：

一旦框架就位，发掘队就把石膏浇在化石上。根据查尔斯·斯坦伯格的描述，技术人员会"在标本上浇盖5~8厘米的熟石膏，再等它凝固"。斯坦伯格写道，变硬的石膏"能很好地保护易碎的化石"。

◀第三步：

接下来，石膏变硬后，发掘队小心地在被石膏包盖好的标本下方挖掘，最终使其与下面的白垩层脱离。在移动标本之前，必须清除它四周的岩屑和泥土，以确保化石的所有部分都完好无损。

◀第四步：

为了便于操作，斯坦伯格将木架设计成易于切成两段的样式，这样就可以分段吊起，一次一段。发掘队员排成一列，把吊出来的浇注标本依次翻过来。这些化石固定在木框和石膏涂层中，被安全地从岩层中挖掘出来。

第二代化石猎人乔治·F.斯坦伯格在镜头前自豪地捧起自己1928年发现的这个化石，他曾因这个发现而获奖。

代末，一位德国贵族，维德—新维德的马克西米利安王子（Prince Maximilian），与瑞士艺术家卡尔·博德默（Karl Bodmer）一起，在内布拉斯加州和南达科他州的荒野旅行，这里是印第安人生活区。在这个过程中，他们采集到了这个标本，并将化石运回德国。在那里，奥古斯特·戈德法斯（August Goldfuss）博士对化石进行了修复和描述，这些化石被确认为沧龙。今天，它们仍在德国波恩大学戈德法斯博物馆展出。

到了19世纪60年代，美国的科学家开始严肃的古生物学研究。1868年，西堪萨斯州第一个普氏海王龙头骨的发现将美国最著名的两位古生物学家，爱德华·德林克·库普（E. D. Cope）和奥塞内尔·查尔斯·马什（O. C. Marsh）吸引到了该州，采集化石的热潮开始了。库普是费城自然科学院的代表，而他的竞争对手马什则为耶鲁学院收集化石标本（这些标本现在属于耶鲁大学皮博迪自然历史博物馆）。在接下来的10年里，马什的科学考察队和库普雇佣的采集者们在西堪萨斯州找到了数以千计的海怪标本。从那时起，其他大陆上，包括南极洲海岸附近的岛屿，也陆续发现了类似的史前海生爬行动物的化石。直到今天，新物种仍在不断出现并被研究。

斯坦伯格王朝

19 世纪 60 年代，太平洋联合铁路开建，这一铁路线横穿美国西部平原，连接堪萨斯城、密苏里、丹佛和科罗拉多。那时候西堪萨斯还是战乱频仍的前线，美国军队在堪萨斯州境内各处修建了很多堡垒，以保护修建铁路的工人和其他人员免遭印第安人的袭击。这些堡垒有：莱利堡、哈克尔堡、黑斯堡，还有最西端的华莱士堡。当时，每个卫戍部队都配有一名或多名医生，这些医生无疑是州内最有学识的人士，而且除了医学，这些人常常还对许多科学领域感兴趣。

1866 年，怀着对地质学和古生物学的浓厚兴趣，乔治·斯坦伯格医生
▶ 被委派到堪萨斯中部的哈克尔堡。他一到堪萨斯就开始收集达科他附近砂岩里的叶子印模化石。后来美国军队与当地印第安人发生战争，斯坦伯格医生被分派到更西部的地区，在那里他继续收集当地的化石。其中有一种名叫剑射鱼的史前鱼类，斯坦伯格采集到了这种鱼的一块胸鳍骨片，足有 40 厘米长。许多斯坦伯格当年采集的标本成为史密森学会收藏品的一部分，并且标本上仍保留着他本人的签名。在美西战争期间，斯坦伯格继续以美军卫生局局长的身份在军队服役。因其在医学和细菌学领域的卓越贡献，斯坦伯格在这两个领域里的名气比他凭古生物学的科学发现所获得的名气大得多。

19 世纪 60 年代后期，在收购了哈克尔堡南边的一个牧场后，斯坦伯格安排他的父母和兄弟姐妹搬往堪萨斯。他的小弟弟，查尔斯·H. 斯坦伯格同样对化石非常痴迷。他在 17 岁那年搬到西堪萨斯后不久，便也开始在他家所居住的农场附近采集晚白垩世达科他砂岩里的叶子化石。不过，他的父亲并不认为采集化石对于一个年轻人来说，算得上体面的职业，但是查尔斯坚持了自己的兴趣。1870 年，他打包了一组自己和兄长采集的化石，寄给了史密森学会。这些化石引起了古生物学家里昂·里斯克汝科斯的注意。里昂之后赶去堪萨斯与查尔斯·斯坦伯格会面，并且亲自考察了堪萨斯西部的化石。1872 年，里斯克汝科斯发表了对斯坦伯格兄弟所发现的很多叶子化石的描述。他命名了一个以查尔斯的姓——斯坦伯格命名的化石物种（*Protophyllum sternbergi*），以此向查尔斯致敬。

查尔斯与里斯克汝科斯保持了多年的联系。后者对叶片化石的发现标志着

斯坦伯格家族谱系图

斯坦伯格家族是堪萨斯州化石猎人的先驱。
以下是斯坦伯格家族谱系图：
李维·斯坦伯格（1814—1896 年）
（Levi Sternberg）

乔治·M. 斯坦伯格（1833—1915 年）
（George M. Sternberg）
查尔斯·H. 斯坦伯格（1850—1943 年）
（Charles H. Sternberg）

乔治·F. 斯坦伯格（1883—1969 年）
（George F. Sternberg）
查尔斯·M. 斯坦伯格（1885—1981 年）
（Charles M. Sternberg）
李维·斯坦伯格（1894—1976 年）
（Levi Sternberg）

网页链接

更多关于斯坦伯格家族的信息，
请访问电影官方网站。

相簿： 斯坦伯格家族的化石发现

7-27. Collecting leaf Nodules, Near Carnerio. Ellsworth Kansas.

图为1927年，乔治·F. 斯坦伯格在寻找树叶化石。乔治·F. 斯坦伯格采集并研究了产自堪萨斯州的许多不同类型的史前生命。

19世纪末20世纪初，5位斯坦伯格家族的成员，历经两代人，他们在堪萨斯州的西部平原开创了古生物学的辉煌历史，因此，这个家族也被许多人称为伟大的"恐龙王朝"。族长李维·斯坦伯格于1865年从纽约搬到爱荷华州。他的大儿子乔治·M. 从医学院毕业后也追上了父亲的脚步，乔治往西跑得更远，他在堪萨斯的哈克尔堡得到了外科医生的职位。很快，家里的其他人，包括李维的双胞胎儿子查尔斯和爱德华，都赶来与乔治会合。乔治和他的弟弟查尔斯对堪萨斯中部的美景和那里的化石特别感兴趣。斯坦伯格一家刚开始在采集树叶化石，这些岩石上留下远古时代精致的叶脉的印记。很快，查尔斯就采集了满满几袋这样的标本。后来他把这些标本送到了史密森学会。1870年，乔治·M. 迁回纽约，但查尔斯留了下来，他已经着手研究堪萨斯白垩层中的化石，不仅是树叶化石，还有动物的化石。同时，他一直与回美国东部从事古生物学新领域研究的学者们保持通信。当时，达尔文的进化论刚提出不久，且备受争议。而查尔斯·斯坦伯格在堪萨斯采集的树叶和动物化石提供了以全新视野认识地球的依据：这些未知生物在地球上的历史比人类早了几千万年。

查尔斯小儿子李维成为一名化石猎人。

乔治·F. 斯坦伯格（左）和他的父亲查尔斯·斯坦伯格。

乔治·F. 斯坦伯格的野外发掘日志，
记录了他 1924 年 10 月在堪萨斯州特里戈县发现海龙王的经过。

斯芬尼克斯群是堪萨斯白垩层中一段独特的岩层，其中富含各种化石。

No-13-26

The "Sphinx"

乔治·F.斯坦伯格的化石发现展陈在斯坦伯格自然历史博物馆，
这个博物馆于20世纪50年代建立，1970年被冠以斯坦伯格家族的名字。

对查尔斯·斯坦伯格和他的 3 个儿子来说，搜寻化石就等同于野营探险。

不久，查尔斯·斯坦伯格结婚了，组建了自己的家庭。后来他的家人也加入了野外化石采集之旅。斯坦伯格一家边旅行边采集化石，旅途中，他们先用马车，然后搭早期的汽车赶路。他们会在干燥的堪萨斯平原上露营数周，在那里，偶尔能看到一些令人惊叹的像纪念碑那样耸立的白垩岩墙。

查尔斯·斯坦伯格的 3 个儿子——乔治·F.、查尔斯·M. 和李维——通过采集化石、文字和图像记录，设法为化石标本寻找买家，对家族的化石事业做出了重大贡献。父子四人还开发了采集巨大骨架化石的新技术。正是由于他们以及他们的创新技术，这些来自西堪萨斯的史前海怪的化石得以进入美国和欧洲的主要博物馆，今天人们仍然可以在博物馆一睹它们的风采。每次斯坦伯格一家来堪萨斯野外探险、寻找化石的消息都会不胫而走。人们非常好奇，都想亲眼看看究竟，所以有时候会有一小群人赶来围观斯坦伯格一家的化石采掘。有些人站在边上惊讶地看着，而另一些人则忍不住自己就动手挖起来，看能否也在这神奇的白垩层里找到化石。

20 世纪 20 年代末，乔治·F. 斯坦伯格应邀在自己和家人野外工作了几十年的地方建立一座博物馆。他成为海斯市堪萨斯州州立师范学院的常驻古生物学家。在那里，他开始为福特海斯州立大学筹建化石标本馆，这个标本馆就是今天的斯坦伯格自然历史博物馆的前身。在这里，海怪化石装饰着墙壁。

背景图：现在的斯莫基山白垩层干燥少雨，到处是条纹状的石灰岩，它曾经被浩瀚无垠的西部内海所覆盖，是许多史前海生爬行动物的家园。

所谓的美洲古生物学历史上斯坦伯格王朝的开始。正是这个家族的科学家的发现，使人们形成了对几千万年前的那个海怪世界的认识，向人们展示那时候各种海怪曾在北美西部内海盛极一时。斯坦伯格家族两代人，从堪萨斯开始，之后又在美国其他地方以及加拿大、阿根廷等地采集化石，由此确立了被誉为"美洲古生物学史上斯坦伯格王朝"的地位。

斯坦伯格家族发现的化石涵盖了很多门类，不仅有海生爬行动物还有鲨鱼，一种恐龙以及很多大型哺乳动物。他们还发展了很多先进的化石采集、保存和装架固定技术。他们采集的化石今天仍然陈列在世界各地的博物馆里。

职业化石猎人

1876 年查尔斯·斯坦伯格得到一个好机会。那时他是堪萨斯州立农学院（现在的堪萨斯州立大学）的一名学生，他想参加一次由该州第一位地质学家本杰明·F. 穆吉教授领导的化石考察。但是，当时穆吉教授的队伍人手够了，因此拒绝了查尔斯的申请。查尔斯很失望，因为穆吉教授为 O.C. 马什工作，所以他写信给马什的竞争对手库普，称愿为其寻找化石，并要求 300 美元经费以组织考察。

库普回信给他，还寄来 300 美元的支票，并明确表态支持。查尔斯购买了一队矮种马，雇了一个男孩帮他赶马，于是就出发奔往堪萨斯西部寻找化石去了。在接下来的 4 年里，查尔斯都在工作区一如既往地寻找化石，并把标本源源不断地寄回给库普去研究。

在为库普工作的第一个暑期快要结束时，查尔斯·斯坦伯格无意中发现了一个化石特别丰富的山谷。在那里，他发现了两件沧龙的标本，其中一件位于另一件上面，中间隔着 1 米厚的白垩（现在的研究显示，尽管在白垩里这两个动物埋藏的位置很接近，但实际上下面那头的死亡时间比上面那头早了大约 2.5 万年）。他还挖出了一件近乎完整的名叫硬椎龙（*Clidastes*）的小型沧龙的骨架。到了那年夏末，查尔斯的马车装满了重达 360 千克的化石标本。查尔斯的考察队将这些化石运过大草原后再装上火车，并通过轮船运到了费城。当年冬天，查尔斯去

斯氏无齿翼龙
Pteranodon sternbergi
目：Pterosauria
白垩纪时期·北美洲
翼展：约 6 米

在化石的修复过程中，他还发现了剑射鱼腹中那条鱼的部分头骨。并且吉尔摩尔在信中还写道"对整项工作感到非常满意"。

乔治·F. 斯坦伯格发现那件最著名的"鱼中有鱼"的标本是在1952年。那年春天，一组来自美国自然历史博物馆的考察队员与乔治合作进行野外发掘，其中一名队员发现了一段鱼鳍的化石。因为没有时间再继续野外工作，这些人只得把它留给乔治继续作业以将它全部发掘出。通过在堪萨斯的炎炎烈日下历时几个星期的仔细发掘，乔治和他的队友们最终发掘出了这件在当时最完整的剑射鱼标本。更不寻常的是，这条大鱼的"最后晚餐"是一条小一点的，约2米长的鳃腺鱼，而这条鱼居然被完美地保存在剑射鱼的腹腔内。

鱼类在斯莫基山白垩层化石中是最常见的脊椎动物，但是像这件如此完整的剑射鱼，仍属相当罕见。众多剑射鱼标本中有一个有趣的特点，鱼腹中含有鳃腺鱼残骸的标本比例很高。曾有一件发现于1996年的、长达5米的剑射鱼标本中保存有一条部分消化的鳃腺鱼，丹佛自然和科学博物馆也存有一件类似的标本。这说明这些剑射鱼很可能吞下这些猎物后不久就死去了，这种现象让科学家们推测，这"最后的晚餐"或许就是这些剑射鱼的致死原因。乔治·斯坦伯格的标本可能代表这样一个情景，鳃腺鱼被剑射鱼吞进肚子后，前者的一个鳍刺破了大鱼的心脏或主血管，导致这条剑射鱼很快就死去了。

乔治·F. 斯坦伯格的发掘慢慢地引起了当地人的兴趣。当他公开宣布他对一件巨大化石的发掘计划时，"那个星期天有超过30辆小汽车、小马车和骑手从四面八方赶过来围观那件标本。我相信现场一共聚集了超过了150人。"乔治在他的记录里写道，"一次就来了个17辆小汽车组成的车队，而且不断有车辆陆陆续续赶过来，直到天黑方休。"一个月之后，他找到了另外一具大型剑射鱼的骨架，这件化石后来被当地一所学校买走了。这件标本至今还陈列在堪萨斯奥克勒市的菲克化石与历史博物馆中。

20世纪的大半段时间里，斯坦伯格家族一直在北美西部内海的化石产区探索。他们采集并保存了大量早期生物的化石遗骸。他们积累了数十年的科学发现，补充了晚白垩世地球生命历史的诸多细节。由于斯坦伯格家族的无畏、热情和精细的采集技术，世界各地的博物馆里才得以展陈由他们发现的如此丰富和精美的化石，这些发现向人们呈现了谜一般的晚白垩世水下世界的生命图景。

影片中重现了乔治·斯坦伯格关于沧龙的发现笔记——一只海王龙体内有一只长喙龙。

在游到西部内海的深水区之前，长喙龙开始了它们在滨海地区的生活，它们的母亲迁徙到这里来产崽。

在晚白垩世，浅水区是许多海洋生物的避风港。较大型的掠食者在更深的水域游荡，所以许多生物游到浅水区躲避敌害。游动速度较慢的动物，比如神河龙（右页上、下图），可能一年四季都待在浅水区。在那里它们可以避开这些体形更大、速度更快的捕食者。当然，神河龙本身就是成功的捕猎者；它们的长脖子掩护它们悄悄地接近猎物。上图中的长喙龙前往沿海水域，并赶在产崽之前到达那里。这些短脖子蛇颈龙年幼的时候，它们很可能在母亲的保护下待在那片浅水区。只要食物充足，它们就可能一直留在那里。但随着猎物潜往更深的水域，"多莉"最终不得不离开故土去寻找食物。

神河龙尖利的牙齿像针一样锋利，这种牙齿是抓鱼的理想工具，却不适于撕咬肌肉。因此，它们的进食方式可能是把猎物整个吞下去。

摘掉眼镜，
准备进入下一页

第三章 危险的水下世界

一只雌性沧龙打算将这只曼斤白垩尖吻鲨当作可口的食物，并与游在身后的幼鲨们分享。

如果我们想象自己回到 8200 万年前，置身于那片广阔的直至白垩纪末仍覆盖着北美大陆的内陆海，我们就能窥见这个星球上有史以来最危险的地方。陆地上，凶猛的食肉者兽脚类恐龙到处游荡寻找猎物，同属爬行动物的翼龙则伸展翅膀，翱翔于天空。在广阔的水面之下，从滨岸到深海，则生活着各种不可思议的海生爬行动物。它们中的一些体形巨大且生性贪婪，而其他的种类则弱小而易受伤害——掠食者与猎物们在生存法则下，上演着一场大戏，其剧情就是爬行动物、鸟类和其他生物的演化史。

电影《与海怪同行》以一种名叫长喙龙，昵称"多莉（dolly）"的蛇颈龙的一生为线索，带观众"游"进这个危险的水下世界。这只小海怪的生活开始于西部内海的一处浅湾，当时它的母亲产下一雌一雄两只幼崽。这两个小家伙一出世，本能就驱使它们游出水面完成它们生命中的第一次呼吸。这些动物终生生活在水中，但是像它们的陆生祖先一样，它们必须呼吸空气。

刚开始，小蛇颈龙们会待在母亲身边，享受着妈妈的呵护，因为它们实在是太脆弱了，无力独自面对潜藏在开阔水域里的危险。不过，小蛇颈龙们并不

奥氏长喙龙
Dolichorhynchops osborni
目：Plesiosauria
白垩纪时期·北美洲
约 4.6 米

左图：8200 万年前，一种名为长喙龙的蛇颈龙在西部内海的水域捕食一条鱼。

海怪
的故事

这部电影讲述了一只年轻的长喙龙在西部内海的冒险故事

新生命
剧情要点：一对长喙龙
（一雄一雌）
出生于 8200 万年前
背景：西部内海的浅湾

避风港
剧情要点：这两只孪生"多莉"待在母亲身边，这里还生活着别的动物，比如神河龙
背景：西部内海的浅湾

深水区
剧情要点：跟随一群迁徙的矛齿鱼，长喙龙母亲和这对幼崽离开了浅湾
背景：西部内海的开阔水域

损失惨重
剧情要点：一条曼氏白垩尖吻鲨杀死了它们的母亲，只留下了这对长喙龙幼崽相依为命
背景：西部内海的开阔水域

死里逃生
剧情要点：雌性小"多莉"躲开了一只鲨鱼，但受了轻伤，鲨鱼的牙齿嵌进了它的鳍肢里
背景：西部内海的开阔水域

小"多莉"在一场凶险的鲨鱼攻击中幸存了下来，但受了伤。

它鳍肢上嵌着的牙齿是这次遭遇的永久印记。

孤单，在这片浅水区里生活的还有其他动物：菊石，一种头足类动物（鹦鹉螺的近亲），看起来就像身体包在壳里的鱿鱼，它们是这片史前海域中非常常见的动物；黄昏鸟（Hesperornis），一种无飞行能力但发育有尖利牙齿的鸟；神河龙，一种长脖子的蛇颈龙变种，和成年后的"多莉"们一样，也要回到浅水区繁殖。

当小蛇颈龙们成熟之后，它们追随着一大群鱼从浅水区游向深水区。这对孪生小蛇颈龙的这趟旅途充满危险。它们可能遭遇像剑射鱼这样巨大的掠食者鱼类，剑射鱼惯于在开阔海域捕食其他鱼类。小蛇颈龙们的身边可能还会冲出某些灭绝的鲨鱼，如白垩尖吻鲨（Cretoxyrhina），这些鲨鱼剃刀般锋利的牙齿可以剔掉一头蛇颈龙的骨头与肌肉。最危险的是遇上水下王国里不可挑战的统治者——海王龙，这是一种身形庞大的沧龙，它们雄踞在海洋食物链的顶端。

当然，没有人亲眼见过一个像这样的晚白垩世时期的生命故事。制作一部类似《与海怪同行》的电影所需的科学知识，来自几十年来人们对埋藏在晚白垩世岩石中许多海生爬行动物标本的采集、修复和研究。全世界的古生物学家分享着化石猎人们的发现，不断完善的证据帮助我们复原那个迷失世界的本来

一对"多莉"冲出水面呼吸。像陆生爬行动物一样，海怪们没有鳃，必须呼吸空气。

面目。科学资料的积累和细致的分析研究，使得人们可以想象海怪世界的各种奇遇以及栖身其中的多种多样的美妙生物。

无脊椎动物

小型无脊椎动物在西部内海十分繁盛，它们以单细胞浮游生物为食。而它们也为更大的捕食者提供了食物来源。小型生物，如藻类这样的微型浮游生物依靠光合作用获取营养，像沙丁鱼大小的各种鱼类吃小鱼和小型无脊椎动物，而小鱼又被更大的鱼类，如鳃腺鱼或班纳博格米努斯鱼（Bananogmius）捕食，而这些捕食者又是更大的鱼类，如剑射鱼，白垩尖吻鲨和爬行动物沧龙的腹中餐。

更深的水域支持了其他无脊椎动物，如海百合和头足类的生存。海百合是一类棘皮动物，与今天的海星和海胆是同类。在斯莫基山白垩层仅发现一种独特的名为犹因他海百合（Uintacrinus）的棘皮动物化石。1917 年，查尔斯·斯坦伯格如此描述这些海百合，"主体部分形如半个鸡蛋，中心有一开孔，四条腕自其边缘伸出。腕长约 90 厘米，边缘有羽状结构"。

到晚白垩世时，头足类已经在地球上存在了 2 亿多年。晚白垩世时期，各种不同类型的头足类，如现代鱿鱼和章鱼的祖先，在那个时候相当繁盛。一些如菊石和杆菊石那样的类群则长有外壳。而其他的种类，如大鱿鱼，却没有外壳。菊石早已灭绝，它们看起来就像一只生活在螺旋状的、偶有复杂外饰的壳里的鱿鱼。它们可以长到很大，一些晚白垩世的菊石壳体直径甚至可达 1 米。菊石的壳内有一个容纳空气的腔室，菊石的身体就藏纳在这里面。菊石将水流喷射出身体，借此产生反推力驱动自己前进。与今天的鱿鱼相似，它们的触手环中央的内部长有尖锐的喙状上下颌，这是菊石捕食小鱼和其他头足类的利器。除了菊石，西部内海还生活着其他与菊石有着相似的运动方式和捕食习性的小型头足类动物。如壳小而呈螺旋状的船菊石；还有拥有直壳的杆菊石类。

无壳的头足类也是小蛇颈龙和其他海生爬行动物在那片海域里的伙伴。晚白垩世的一种托斯特巨鱿（Tusoteuthis），其外部形态和行为特点

弓形鳃腺鱼
Gillicus arcuatus
目：Ichthyodectiformes
白垩纪时期·北美洲
约 1.8 米

下图：这也是产自堪萨斯州的白垩层的标本，犹因他海百合细长的触手保存得十分精美。

可能与今天的巨型鱿鱼相似。当它的10只触手完全伸展开，其体长可达到7.5~9米。任何被它的触手捉到的东西都可以成为它的果腹之物，当然被这样抓到的大多是较小的头足类动物和鱼类。不过，它们也可能捕食小型的海生爬行动物，但是在大部分时间里，它们都待在沧龙和蛇颈龙下潜不到的地方，所以一般与这些海怪也遭遇不上。与菊石类似，这种巨型鱿鱼通过身体下部的一根虹吸管向前喷射水流来反推着身体向后运动。并且，它们已经发展出了和现代鱿鱼一样的防御机制：当受到攻击时，它们会向水里喷射出一股浓黑的液体，染混海水，趁着敌人"两眼一抹黑"的时候，鱿鱼们很快就溜之大吉了。

这些鱿鱼是软体动物，既没有外壳也没有内骨骼，因此它们很少留下化石记录。偶然能保存下来的坚硬的内部组织是由几丁质组成的桨状骨轴，又叫鱿鱼笔。有时候这种结构和其他动物化石包在一起，它的表面可能会有一些杀死这些鱿鱼的掠食者留下的咬痕。

托斯特巨鱿
Tusoteuthis longa

目：Vampyromorphida
白垩纪时期·北美洲
约 7.6 米

早期水鸟

1871年，O.C. 马什采集到一只大型无飞行能力的鸟类的化石。他将这种鸟命名为帝王黄昏鸟（*Hesperornis regalis*）。这种鸟身长可达1.5米，拥有一个蛇形的脖子，游泳时它会把脖子伸出水面。帝王黄昏鸟外形类似今天的水鸟，而它捕食和筑巢的习性很可能和今天的企鹅相似。但有趣的是，企鹅今天仅生活在南半球，而帝王黄昏鸟和其他相关种类的化石却只在北半球有发现。实际上，帝王黄昏鸟化石在堪萨斯以北的地区，特别是加拿大等地更为常见。这些信息说明，和企鹅一样，帝王黄昏鸟可能也偏好较凉的水域。

由于帝王黄昏鸟既不能飞行也不能在陆地上站立，这些鸟类应该是优秀的游泳或潜水健将。与企鹅不同的是，企鹅用翅膀在水下滑翔，帝王黄昏鸟则用它们巨大的、发育良好的后肢和有蹼的脚游泳。帝王黄昏鸟的翅膀较小，属于已经退化的结构，它们紧紧贴着身体，起不到什么实际的作用。而帝王黄昏鸟扁平的尾巴可能具有潜水板的作用，帮助帝王黄昏鸟控制水下游泳的深度和方向。帝王黄昏鸟上下颌上长有牙齿，根据这个特点并结合上下颌的大小推测，它们的食物可

如何念它们的学名？

这些生物的学名读起来有时很拗口。下面是一个快速发音指南，可以帮助你念出它们的名字：

Dolichorhynchops= dol-ee-ko-ring-kopz

Elasmosaur= ee-lass'-moh-sor

Hesperornis= hez-pe-rorn-uhs

Mosasaur= mohz-uh-sor

Plesiosaur= plez-ee'-oh-sor

Pliosaur= plee-oh-sor

Styxosaurus= sticks-oh-sor-uhs

Tusoteuthis= too-so-too-thuhs

Tylosaurus= tie-lo-sor-uhs

Xiphactinus= zi-fak-tin-uhs

能是小型的鱼类和其他差不多一口能吞下的海洋生物。然而在这个"弱肉强食"的世界，这种肉食性鸟类也可能成为猎物。在南达科他州发现的一具巨大的海王龙化石就证明了这一点，它的胃容物里就包含一只帝王黄昏鸟的残骸。

同室操戈

晚白垩世的海洋里鱼类很多，有些是猎手，有些则是猎物。其中一种主要的饵鱼名叫矛齿鱼，它们是现代三文鱼的远亲。矛齿鱼的一些种类和今天的沙丁鱼一般大小，而其他的一些种类却可以长到 1 米多长。不管大小，所有的矛齿鱼都长有尖牙，这些牙齿集中在上下颌前部。它们必须使用这些又长又细的牙齿捕食较小型的猎物。古生物学家认为，矛齿鱼可能像今天的鲱、沙丁鱼和凤尾鱼一样，常聚在一起成群地游动。它们常活动的水层下面就有各种伺机捕食它们的杀手。发起攻击的捕食者们，驱逐鱼群，让它们聚集成一个密集的鱼阵（即所谓的"饵鱼球"）。捕食者只要张开大嘴穿过鱼阵，就能狼吞虎咽地饱餐一顿。

毫无疑问，有着鱼雷般体形的剑射鱼是当时硬骨鱼类中的顶端捕食者。它可以长到至少 6 米长，身体修长，游速极快。它们的牙齿足有 8 厘米长，张大

一只帝王黄昏鸟潜入水中追逐猎物。科学家认为它是靠强壮的腿和蹼足来游泳的。

为了寻找食物，这群长喙龙游到了更危险的开阔水域。西部内海的最小深度不超过 183 米。

龟承受不了陆地上长时间的日晒。很显然，它们在陆地产卵面临的这些挑战必然对这个物种的演化带来某些限制。

另外，在海滩产卵也让海龟们很容易受到捕食者的攻击。和今天的情形一样，把一大窝蛋留在海滩的巢里，相当于对那些寻找食物的陆地动物发出了一种邀请。即使这些捕食者没有出现在海龟的产卵季，在海滩上大量同时破壳而出的幼龟也会引来饥饿的捕食者。许多新生的小龟会在它们爬返海洋的路途中被陆地上的掠食者吃掉。而一旦进入海里，更多的小龟则会命丧鲨鱼等大型鱼类和沧龙之口。虽然海龟的繁殖策略看起来充满风险，但这也可能是它们历劫幸存的秘诀。在这么多小海龟同时孵化的情况下，每一代至少都有一些能够存活下来并且发育成熟的个体。以量取胜，以前是，现在亦然。

不巧的是，目前还没有发现保存了胃容物的海龟标本，所以不能确定它们的食物是什么。我们推测它们的摄食和现代海龟可能差不多——水母、鱿鱼或蟹类等无脊椎动物，以及某些鱼类。它们锋利的喙和强壮的颌在嚼食不同的食物时很有用处。它们也可能食腐，吃漂浮在海面的动物尸体。当然，它们最有可能是机会主义者，遇到什么吃什么。随机取食可能是它们演化上的另一个优势。

迄今为止，有一些原盖龟的标本保存得非常完整，但有些却丢失了肢体或头骨——这暗示这些巨型海龟的尸体或许曾被某些食腐的鲨鱼或其他捕食者撕咬过。还有些标本的肢骨和背壳上有深深的鲨鱼的咬痕，而在其他骨头里甚至包埋着断掉的鲨鱼齿尖。所有这些线索都表明牙尖齿利的曼氏白垩尖吻鲨会捕食海龟。而有些较小的海龟，包括幼年的原盖龟，更是脆弱，海怪们一口即可将其吞下。这些较小的海龟没有多少能够终老，所以它们的残骸也很少能被完整地保存下来。

巨型原盖龟
Protostega gigas
目：Testudines
白垩纪时期·北美洲
约3米

短脖子海怪

在电影《与海怪同行》中，我们跟随着一头名叫奥氏长喙龙的长喙龙进行

了一次奇妙的冒险之旅。这头短脖子蛇颈龙的昵称叫作"多莉"。我们要感谢斯坦伯格家族和一些相关的人士，是他们找到了几件比较完整的这种短脖子蛇颈龙的标本，因此我们才有幸一睹其真容。实际上，在所有北美西部内海所发现的蛇颈龙中，"多莉"的标本保存得最好。

长喙龙最早的祖先在 2.5 亿年前的三叠纪早期离开陆地进入海洋。随后一种名叫幻龙的体形较小 * 而形似蜥蜴的动物也开始在边缘海里生活，并在浅水区捕食。尽管它们可以游泳，但是仍然保留着可以在海岸之上爬行的四肢。数百万年来，一些幻龙完全适应了海洋生活。这些动物就是最早的蛇颈龙，在之后的几百万年时间里，它们与鱼龙共享着海洋里的食物。后来这些动物演化成了晚白垩世的蛇颈龙。上龙是一种头颅很大的的蛇颈龙，它们在大约 9500 万年前灭绝。然而其他的蛇颈龙，例如短脖子的蛇颈龙类和长脖子的薄片龙，一直演化并存续到了白垩纪末期。

到大约 8200 万年前，这些短脖子蛇颈龙已经演化出长达 4~5 米的体长（从头到尾的长度）。它们的头部非常长，很像今天的长吻鳄。它们的颌骨上布满了好几列锋利的牙齿，每列有 30~40 颗。除此之外，蛇颈龙的颈椎数量很多，例如"多莉"有 20 节颈椎，而现代哺乳动物，包括人类（甚至长颈鹿）只有 7 节颈椎。

长喙龙颌骨的特点显示，这类动物可能通过侧向摆动头部去捕食小型鱼类。它细长而尖锐的牙齿适于钳夹而非切割。"多莉"进食的方式很可能是囫囵吞下猎物，然而它们狭窄的头骨以及长而突出的颌骨也造成了某些限制，因此它们吃不下太大的猎物。在这样的情况下，长喙龙很可能通过吞食大量较小型的食物来满足自身的能量需求。

长喙龙和其他短脖子蛇颈龙都拥有很大的眼睛，这个特征可辅助它们在昏暗的水下搜索猎物。遗憾的是，除此之外人们对它感觉系统其他方面的信息几乎一无所知。目前没有证据显示它们具有外耳，而保持平衡的内耳应该很发达，

---

* 译者注：我国中三叠世地层中近年来出现了长达 10 米的幻龙。

本页图：这种邦氏长喙龙（*Dolichorhynchops bonneri*）长吻、大眼睛，很像它的近亲奥氏长喙龙（后者生活年代比前者早 400 万年）。

左页图："多莉"的长吻和尖利的牙齿表明它会通过侧向攻击来捕食小鱼。它狭窄的下颌长有 30~40 颗锋利的牙齿。

这样它们才能在水体环境里高效地巡游与捕猎。有研究认为，蛇颈龙可能通过嗅觉来识别猎物。它们在水中游动时，水流从鼻孔导入而后从嘴角流出从而以实现这种功能。然而，这只是一种猜测。与现在的海豚类似，"多莉"可能主要依赖视觉捕食，它们要摄取大量的小鱼和头足类动物为食，近岸浅水区的菊石和鱿鱼是它们常追猎的对象。

化石只能提供"多莉"的外在形貌。古生物学家们研究它们的骨骼然后想象出曾经覆盖骨骼的皮肉。我们推测这些海怪的体表可能附着着一层光滑的皮肤。尽管我们无法得知这层皮肤是什么颜色，但据推测，它们的身体最可能呈现上深而下浅的体色分布。这一体色组合也能在今天的鱼类和海洋哺乳动物中见到，如剑鱼和杀人鲸就是这样。

"多莉"的肩带和腰带与脊柱相连，这两部分是牵动四肢活动的肌肉的附着处。"多莉"前后肢都由近百块骨头组成。这些骨头像拼图一样紧密地嵌合在一起。这样四肢太过于僵硬，因此并不适于在陆地上行走，但是它们具备适于水下活动的完美的流体力学特性。

所有的迹象都表明，长喙龙在水中运动的方式，不是像划艇一样划桨前进，而是伸平四肢，像鸟儿张开翅膀一样在水下"飞行"。它们四肢的横截面形状与

一只母长喙龙怀了对双胞胎，刚产下第一只幼崽。化石记录表明，这些史前海怪怀孕后会游到浅水区产崽。

飞机翅膀很像——前缘较厚，后缘较薄，上表面弯曲。它在水里游过时，四肢的尖端可能会轻微弯曲，以减少水流的阻力，提高游泳效率，其功能就如同现代飞机机翼尖端的小翼。它们的前后肢同时下压产生升力，将身体向前推进。它们非常灵活，在游动的过程中，通过微调游泳的姿势或者稍稍偏移身体来实现转弯甚至快速掉头，这很像今天的企鹅在水下游动时的样子。

长喙龙▶的化石证据显示这种蛇颈龙能直接生育小龙，因为在一个雌龙体腔内保存有未出世的小龙骨架。"多莉们"一次可能孕育2~3个体形较大的胎儿。在动物世界里，出生时就拥有较大体形的幼崽，一般意味着它们会有更大的生存机会。另一种策略是前文介绍的海龟的繁殖方式，它们每次会尽可能多地产卵，差不多一次产下100枚卵，以量取胜。实际上，这样做也是在碰运气，期望其中的一部分个体能活到成年。然而，就蛇颈龙而言，仅有出生时的体形优势也无法确保无虞，因为在那个时代，周围的环境里总有虎视眈眈的更为强大的捕食者，随时准备吃掉这些明显比自己弱小的动物。

我们猜测，蛇颈龙的母体和幼崽可能以家庭群体的形式生活在一起，以护佑幼崽们慢慢长大。亲代护幼的现象在很多动物身上都能见到。从鱼类到两栖类，再从爬行动物（如一些蛇类和短吻鳄）到鸟类中都存在这种现象。遗憾的是，目前我们并没有直接的证据支持或否定蛇颈龙像今天的海洋哺乳动物一样过着群居生活的观点。因为，迄今为止人们还没有采集到有此类关联的成体和幼体蛇颈龙的标本。

像长喙龙这样的短颈蛇颈龙敌人不多，但凡是有资格成为它们敌手的家伙都是异常凶暴的掠食者。如大鲨鱼，特别是曼氏白垩尖吻鲨，捕杀蛇颈龙的证据在北美西部内海的白垩中很是罕见，但这可能是因为蛇颈龙本身的化石记录并不算多，所以没有保存这样的信息。不过被部分消化的化石骨骼倒是常有发现，那可能是大型鲨鱼吐出的食物残渣。而这些材料中最常见的就是幼年蛇颈龙的前肢骨骼，这说明幼年蛇颈龙曾遭到这些冷血杀手的无情猎杀。值得一提的是，这些残渣中偶尔也有成年蛇颈龙的骨骼碎块。现在看来，体形更大的海生爬行动物——沧龙，极有可能也会捕食蛇颈龙。曾有一个发现显示，一头大型海王龙的骨架里保存了一具幼年蛇颈龙的残骸。很显然，这头大家伙在吃下这头蛇颈龙后不久就死去了，因为被它吞下的可怜的小蛇颈龙的骨头还没有被完全消化。

网页链接

更多关于长喙龙的信息，请访问电影官方网站。

扮演查尔斯·F. 斯坦伯格的演员在小心翼翼地清理一只巨大的海王龙头骨周围的岩土。

相簿：是头还是尾？

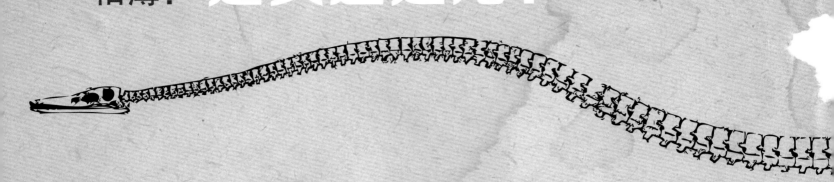

1 9 世纪 60 年代后期的某一天，当时已是费城一名年轻古生物学家的 E.D. 库普，打开了一个通过铁路从前线平原运送给他的板条箱。里面装的是由福特堡的一位名叫希尔菲留斯·H. 特纳的军医发掘的上百公斤重的化石材料。这些化石是特纳医生于 1867 年在堪萨斯的皮埃尔页岩里发现的。

在重新组装完这些化石骨骼后，库普于 1869 年 3 月 24 日向自然科学院报道了一种新的史前海怪。他将这一动物命名为扁尾薄片龙，其含义是"尾巴呈扁平板状的爬行动物"。不久之后，库普发表了他的这一发现，并且自费印制了刊登这一通告的学报，文中包含一幅看起来与今天的蜥蜴（库普的学术专长是现代蜥蜴研究）相似的骨骼图，图中的动物脖子短而尾巴却很长。

在另一幅发表于 1870 年初的插图中，库普给这个动物加上了皮肤和肌肉，当然，它仍然是短脖子长尾巴的样子。在这些学报中，库普自豪地与很多欧洲、美国的朋友和学术圈的熟人分享了这些发现。然而，1870 年 3 月，库普的导师约瑟夫·莱迪向自然科学院报告"库普描述这个动物的骨骼时，把前后方向弄反了"——薄片龙的脑袋被错误地放在了尾巴尖上。换言之，库普把这个动物的所有骨骼弄反了。

上图：关于活体动物的形态，化石本身往往不能给出直接的答案。古生物学家爱德华·德林克·库普在复原 1867 年发现于堪萨斯的薄片龙时，把头错放在了尾巴尖上。

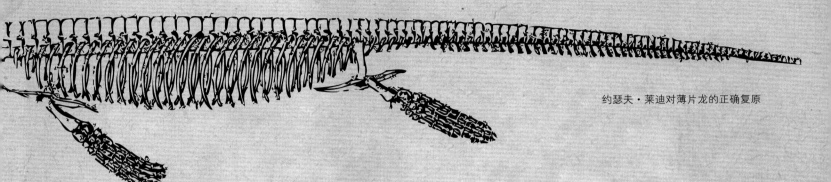

约瑟夫·莱迪对薄片龙的正确复原

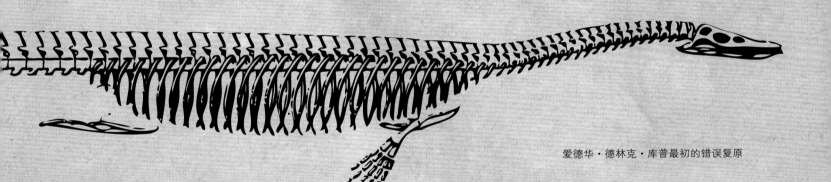

爱德华·德林克·库普最初的错误复原

1867 年，通往美国堪萨斯福特海斯的堪萨斯太平洋铁路通车，这条铁路提供了前往化石产区的便利交通。

约瑟夫·莱迪（Joseph Leidy）（1823—1891 年）

爱德华·德林克·库普（E. D. Cope）（1840—1897 年）

奥塞内尔·查尔斯·马什（O. C. Marsh）（1832—1899 年）

19 世纪 60 年代，美国堪萨斯州华莱士堡的士兵和他们的外科医生
希尔菲留斯·H. 特纳（站在左边）

　　很快库普意识到了自己的错误，并立即着手收回自己之前分发的学报。他承诺用一份改正过的版本换回旧版学报。最后，大部分分发的学报回到了库普手里，但还是有一些没有还回，并保存至今。其中的一份就落在了库普的对手 O.C. 马什手里。他留下的那一份，今天就保存在耶鲁大学皮博迪自然历史博物馆。

　　事情还没完，大约 20 年后，马什在一份报纸上刊文声称是自己指出了库普把薄片龙骨骼装反的错误，从此，两人成为"水火不容的敌人"。然而，文字记录显示，实际上是约瑟夫·莱迪最先发现了这个错误，并引起了库普的注意。而直到 3 年之后 1873 年的一篇短评中，马什才提到这一事实，他写道："在对一件非常完美的标本长达数月的研究之后，库普将脑袋错放在了这个动物的尾巴尖上，并据此复原了这个动物的样貌。"

　　遗憾的是，围绕库普"错拼龙头"的争议冲淡了人们对这件标本本身重要性的关注。1869 年，特纳医生在华莱士堡逝世，作为这件重要标本的最初发现者，他最终也没能等来他应得的声望。

长脖子海怪

薄片龙（字面意思"带状的爬行动物"）是一类脖子极长的蛇颈龙。从任何角度看，它们都足够奇特。第一批发掘它们化石的欧洲人将它们形象地描述为"穿过龟壳的一条蛇"。迄今为止，斯莫基山白垩层里仅发现 10 件薄片龙的标本，且所有的材料均不完整，其中仅有一件保存有头骨。幸运的是，这个头骨保存得很好，且与头后的颈椎连在一起。这个头骨长约 50 厘米，据此推测这个动物约有 10 米长。一头更大的薄片龙的骨架发现于堪萨斯洛根县一个谷仓前的空地。最先发现化石的农场主认为这只是些"大象的骨头"，一度想扔掉了事。根据 3 个抢救性发掘出的椎骨尺寸来看，这头薄片龙的全长可达 12~14 米。

除了脖子，薄片龙的体形和短脖子的蛇颈龙极其相似。迄今为止，脖子最长的薄片龙拥有 70 多块颈椎，因此是人类或长颈鹿颈椎数的 10 倍！其他大多数薄片龙拥有 60~65 节颈椎，它们的脖子长度超过了体长的一半。很显然，这么长的脖子肯定会给它们的生活带来一些挑战，但尽管如此它们还是成功地存活了几百万年。由于我们对这些动物的适应策略和生存挑战所知太少，因而对它们的认识存在不少严重的误区。

神河龙
Styxosaurus snowii

目：Plesiosauria
白垩纪时期·北美洲
约 11 米

最初人们复原长脖子蛇颈龙时，往往将这种海怪设定在水里或在水面游泳。另外一些复原图里则将它们画成趴在地上，弯曲的脖子顶着高高昂起的脑袋，看上去就像一只巨型的天鹅。连伟大的美国古生物学家 E.D. 库普也委托画家为自己的论文制作了一些这种姿势的蛇颈龙复原图，以契合他在文中对这种动物的描述——"（它）高昂的头颈可达渔船桅杆的高度，其姿态就像巨蛇一样在扭曲、缠绕"。

近期对长脖子蛇颈龙椎骨的研究显示，这些动物很难扭动它们的脖子，既不能上仰下俯，也不能左摆右摇。薄片龙看起来并没有足够的肌肉来举起那个长 6 米，至少重 1 吨的脖子。同样，一个浸在水下，而不是浮在水面的动物，若要举起如此又长又重的脖子，从物理学的角度来讲也不可能。我们相信，薄片龙游泳时可能把脖子往前伸直。它们的头部和脖子的侧向运动会起到方向舵的作用，将身体转向相同的方向。不难想见，若薄片龙的头部左右摆动，它几乎是不可能沿着直线游动的。

　　所有的蛇颈龙，包括长脖子的薄片龙▶，眼睛都长在头顶。这说明这类动物的视野可能朝前或朝上——这是另外一个否定它们能像天鹅那样竖起脖子的证据。因为即使它们能够把脑袋高高地抬出水面，寻找猎物时也要将脑袋旋转近 180 度才能将水面的情况收入视野。这些证据综合在一起指向一个结论：薄片龙把头抬出水面时并不会高高昂起，只要露出水面满足其呼吸所需要的高度即可。实际上，它们很可能在大部分时间里都是全身，从脑袋到脖子连同躯体都完全浸没在水里。

　　眼睛朝上的生物一般会从下方靠近猎物。想象一下这个场景吧：一头薄片龙发现了一群鱼，它慢慢游过去，往下游到大约 6 米深的地方伺机行动。这个深度刚刚好使它的躯体很好地隐藏在灰暗的海水里。那些被它盯上的鱼儿正忙着观望四周或仰视上方水域寻找食物，全然不知那个危险的捕食者已经在悄悄地靠近了。薄片龙使身体倾斜并弯起脖子，只让它的小脑袋向上伸进鱼群，这样就不会暴露自己那巨大的身躯，因此不会使鱼群受到惊吓。薄片龙将脑袋在鱼群里快速地左右摆动，吃掉一些不够警觉的鱼儿，却没有惊走其他的鱼。

　　当然，这样的场景只是一种想象。我们不确定薄片龙究竟如何捕食，但是这个场景可以帮助解释蛇颈龙这样一个超长的脖子在演化上的优势。从另一个角度来看，长脖子也可能是生活在较浅海域水面的动物们的一个优势，它们可以探下头去取食生活在海底的那些小型无脊椎动物。

　　大约自 1895 年以来，仅有 3 件薄片龙标本发现于堪萨斯西部的白垩层中，

网页链接

更多关于薄片龙的信息，请访问电影官方网站。

电影里的情景再现，幼年薄片龙化石在原来被浅海淹没的地域出现，这支持薄片龙的个体生命史开始于这种环境的观点。

其中两件由乔治·斯坦伯格采集。1925年，乔治采集到了一件薄片龙左前肢的标本，展示了它被一头大型鲨鱼攻击的证据。近期另一件几乎保存完整的薄片龙骨架在西堪萨斯的皮埃尔页岩里被发现，提供了有关神河龙形态最好的信息。神河龙是薄片龙家族的新成员，它可以长到约10米长，尾巴短，脖子却很细长，几乎与躯干全长不相上下。但是这样的化石非常罕见。实际上，薄片龙的化石很少出现在堪萨斯西部那些代表白垩纪晚期开阔海域环境的岩层里。根据化石分布的这种特点，古生物学家认为，这些长脖子的蛇颈龙可能更偏好靠近海岸的浅水区。那是相对安全的环境，在那里它们被大型鲨鱼和其他掠食者捕杀的概率要比在深海区低很多。

尽管有着超长的脖子，薄片龙的脑袋却比较小，仅有60厘米长，或者说大约只是总体长的5%，这个特点在薄片龙家族中相当稳定，即使在最大的种类

一只神河龙想一口下去饱吃一顿鲜鱼，鱼儿们也不会坐以待毙，拼命地从那张长满尖牙的口中逃脱。薄片龙可能会潜近猎物，突然袭击。

薄片龙的脖子足有1吨重，它无力把这样的长脖子拱出水面，因为太重了。把如此大的重量从水里举出水面会导致它们的下半身抬起再向前倾。在水面之上，这样的姿势保持不了多久。

中也是这个比例。薄片龙的头部骨片紧密地连接在一起，因此它的上下颌不能分离以吞咽猎物，由此我们可以通过测量两颌之间的距离，来得到一些关于薄片龙捕获猎物的信息。所有的证据显示，薄片龙进食时囫囵吞下猎物。它们尖利而细长、交叉排列的牙齿更大的作用在于抓住而非撕碎猎物。因此，即使是最大的薄片龙，其猎物也仅限于像鱼类和鱿鱼这样较小型的动物。一件来自西堪萨斯的大型薄片龙标本胃容物里的鱼都小于40厘米。

被吞下之后，猎物要往下通过薄片龙长长的脖子（食道）而进入消化道。蛇颈龙骨骸的中腹部位置还常常保存有一堆被称为胃石的东西。胃石很像今天鸡砂囊里的那些沙砾，这些是辅助消化那些被整个吞下的食物的。胃石大小不一，大的有葡萄柚那么大，小的则仅是沙粒大小。它们看起来像磨圆的石头，在浸软食物的过程中胃石彼此研压、磨损而变得光滑圆润。薄片龙的胃石一般

保存在肋骨内侧的一个较小的区域里，这说明它们可能曾保存在类似禽类的砂囊那样的器官中。这个器官的肌肉收缩使胃石不断地搅动，将猎物的整体搅碎成更易被消化的糊状物。一个神河龙的标本就保存了消化过程中被解体成骨骼散块和零乱椎体的鱼类残骸。

有时候古生物学家可以根据胃石的岩石类型判断其具体的来源地，借此能推测这些海怪在西部内海里生活的一些线索。比如，胃石标本（海怪化石）发现地距离石块原位数百公里，说明薄片龙可以远距离巡游，或者季节性地迁徙。

早期理论认为，胃石对于这些巨大的动物来说可能有着其他的作用。在一个水生动物的身体里加载一个重物，可能充当了压舱石的作用，以协助蛇颈龙在水下保持一个合适的深度。当这一理论提出时，有学者从物理学的角度作出了不同的解释：一头薄片龙个体里胃石材料的重量通常少于 5 千克，这样的重量相对于几吨重的薄片龙来说实在微不足道，这让上述"压舱石假说"备受质疑。

和短脖子的蛇颈龙一样，薄片龙通过使用其宽大而扁平的四肢，如同拍打翅膀一样产生升力以驱动自己前行。因为它们独特的体形，薄片龙可能游得并不快。想象一下，若要驱动一辆车头前面悬着 6 米长吊杆的汽车，这个难度该

研究表明，薄片龙颈椎的结构不会出现如 1996 年绘制的这幅图中所示的那种弯曲、拱形的姿势。

有多大。对于薄片龙来说，只要是在游动，它就要时时面对一个物理学上的挑战，而且它是在一个三维的空间里游动，所以这样的挑战远比在二维平面上来得更大。

因为游得实在太慢，薄片龙很容易成为大型鲨鱼的攻击目标。这也许可以解释为何迄今为止在斯莫基山白垩层里找到的薄片龙都不完整，看起来它们的躯体在沉到海底之前就被扯碎了一样。其中有这样一个标本，它是一个近乎完整的桨状肢（上肢），骨骼上留有一个深深的咬痕。根据这样的保存方式，可以推测当时一头大鲨鱼冲过来，原本想在薄片龙的桨状肢上咬下一块肉，谁知竟把整个前肢给扯了下来，然后不知何故又把这个肢块丢弃了。还有一个非同寻常的发现，那是乔治·F.斯坦伯格找到的另外一头薄片龙，它的骨骼里嵌有数百枚鲨鱼牙齿。

根据这些长脖子薄片龙的大小、形态和速度推测，它们可能不能像自己的短脖子表亲那样追猎鱼群。它们的游泳姿态应该非常优雅而从容，而在捕食时它们身体会悬在鱼群下方保持不动，通过伸出脖颈摆动头部迅速地抓获猎物。

海洋顶端捕食者

在电影《与海怪同行》里，小蛇颈龙"多莉"不小心闯进了海王龙的领地，毫无疑问，它进入了一个极其危险的世界，因为海王龙是海洋里存在过的最致命的掠食者之一。海王龙雄踞海洋食物链的顶端，它几乎可以吞噬一切它可以抓到的东西，没有什么可以威胁到它的统治。海王龙分类上属于沧龙，沧龙是中生代时期最后一种重返海洋的爬行动物，也是这一时期最成功的一类爬行动物。

沧龙的成功可能要归功于其非同寻常的特征组合，以及高效的运动和捕食方式，也可能在它们获得统治威权时，海洋里没有能够挑战它们的竞争者。当时（距今9500万—9000万年前）鱼龙已经消亡，而头型巨大的上龙也濒临灭绝，这些海怪的衰亡可能是由于像剑射鱼和巨型曼氏白垩尖吻鲨这样更快、更大、更进步的鱼类竞争者的出现。

体表有鳞还是皮肤光滑？

一些沧龙的化石表明它们有鳞片，因此皮肤并不光滑。1877年的一项发现提供了更多细节，在那个标本里鳞片的印记非常清晰，其数量都可以数出来。其他发现则表明，在其演化历史上，随着时间的推移，沧龙的皮肤会有所改变，数百万年之后的沧龙，皮肤光滑些。

这具1.5米长的头骨属于一只名为"Sophie"的普氏海王龙，这件标本采集于2004年美国得克萨斯州。

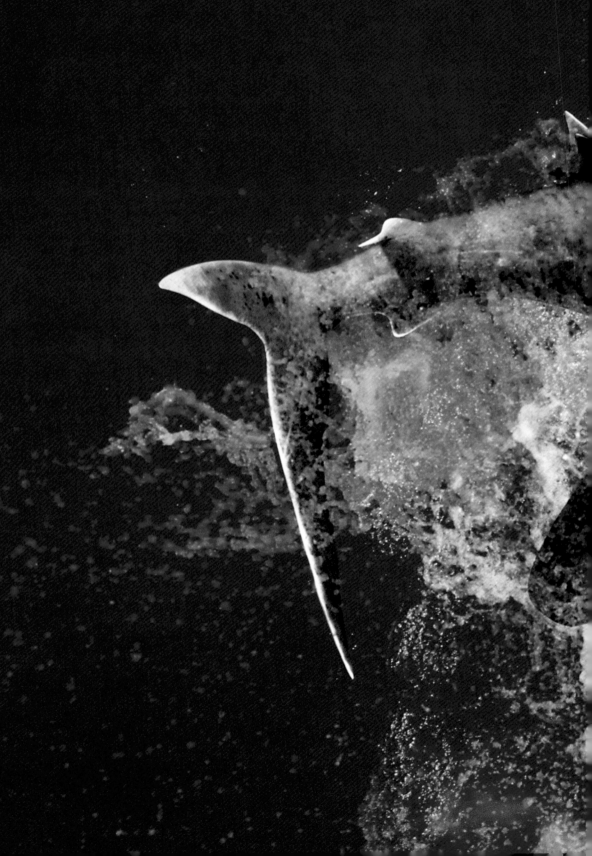

一头普氏海王龙将一条毫无戒备的鲨鱼当成一顿美餐。作为西部内海最大的沧龙，它几乎什么都吃：鱼、蛇颈龙、鸟类，甚至其他较小的沧龙。

这些是发现于埃及鲸鱼谷（Wadi Al-Hitan）的龙王鲸的化石。这是一种生活在距今约4000年前的鲸鱼，那时候一片名叫特提斯洋的海洋覆盖了埃及北部的大部分地区。

今天的海洋里藏着海怪吗？大多数的鲸鱼形象温和，但它们的体形却足以与史前海怪相比拟。现代鲸的很多种类其体形接近甚至超过了晚白垩世的蛇颈龙或沧龙。尽管鲸的历史要近得多，但它们的演化之路却几乎重演了远古海怪们的历史。大约在距今5000万年前的始新世，鲸的陆生哺乳动物祖先回到海洋。最近的古生物学发现鲸的祖先属于偶蹄类，这类哺乳动物包含羊、牛、猪、骆驼、鹿和河马等为人们所熟知的动物类群。2001年，研究者们在巴基斯坦发现了一具化石，这头动物长着鲸鱼一样的脑袋，羊一样的脚踝。根据这具化石，古生物学家们重建出了一种名叫罗德侯鲸（Rodhocetus）的动物，它的身体像海狮而头却像海王龙，它脚上长蹼，四肢短而有力。尽管不能在陆地上长距离行走，但它能在水里自如地游动。

天的大白鲨一样，攻击脆弱的猎物——比如小型的、受伤的或带病的个体，它们也不会放过任何一具沧龙的尸体。尽管如此，化石证据显示，当沧龙变得越来越大、分布得越来越广的时候，曼氏白垩尖吻鲨却灭绝了。是沧龙造成了它们的灭亡吗？没有人知道确切的答案，但是有一点似乎说得过去——饥饿的沧龙肯定不会放过幼年的鲨鱼。随着沧龙这个类群的成功崛起，它们带来的竞争压力辐射到了新的区域。尽管人们对沧龙扩散的起点、时间和路径不得而知，新的发现在不断揭示它们的确曾穿越海洋，完成了很大范围的扩散。

　　恐龙时代落幕时，沧龙是海洋的绝对统治者。之后，它们开始向河口、沼泽和河流等淡水环境进犯。然而盛极必衰，没过多久，它们以及其他的海怪就灭绝了。古生物学家正在研究它们最后的那一段历史是突然的灭绝还是逐渐的衰亡。对化石记录的持续探索或许能够解密这些海怪在其命运的终点究竟经历了什么。

影片重现了这头沧龙颌骨上那个深深的凹痕，这可能是大型曼氏白垩尖吻鲨攻击留下的伤痕。

戴上眼镜欣赏

海王龙巨口张开，它的颌骨上排列着几列圆锥形的牙齿。通过这些牙齿，海王龙可以牢牢地咬住猎物，然后将其一口吞下。

甚至再强大的鲨鱼也无力
对海王龙造成任何压制，海
王龙利用其体形和力量的
优势可以轻松战胜鲨鱼并
将其吃掉。

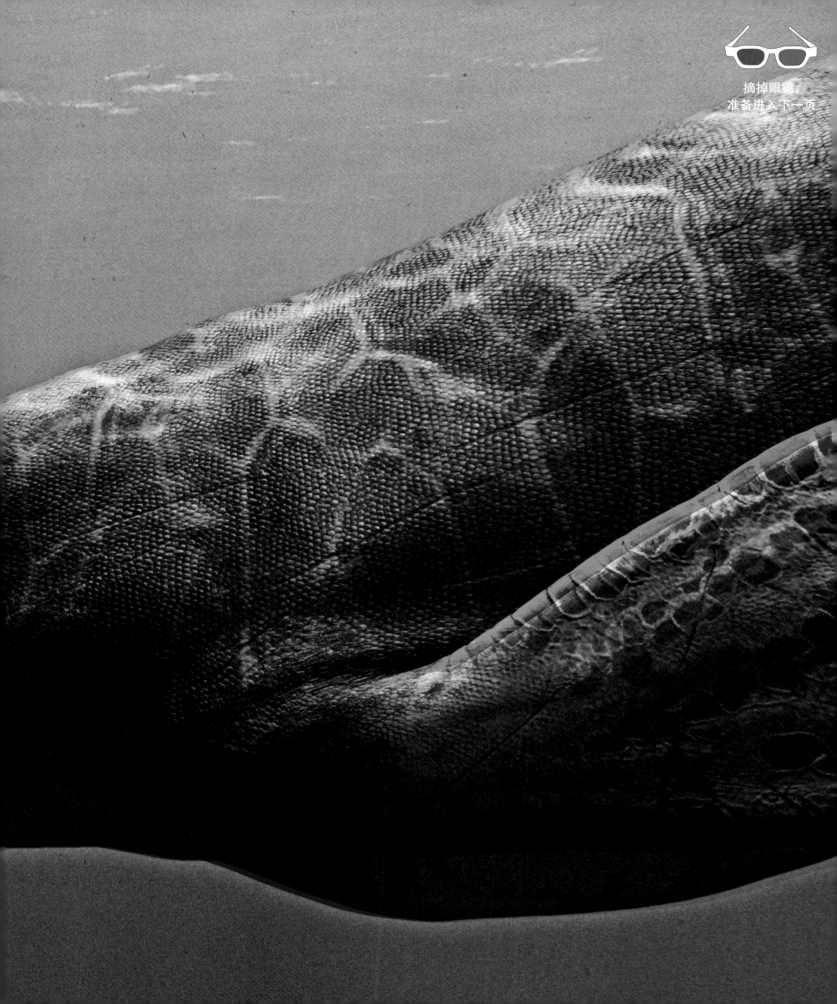

摘掉眼镜，
准备进入下一页

第四章 **它们去了哪里**

拍打着宽阔的翅膀，翼龙御风飞过西部内海。然而，在距今 6500 万年前，翼龙灭绝了。

几百万年以来，西部内海到处是这些海生爬行动物和它们的同伴，从微型的浮游生物到巨大的海王龙，从长着硬壳的菊石到体形笨重的海龟。"多莉"和薄片龙栖息在浅海里，而后冒险游过深海。但在今天的海洋里，早已没有了它们的踪影。这些史前海洋中的统治者们究竟遭遇了什么？

　　海底之下的地质运动一刻也未曾间断过，一直在默默地改变着这个世界。随着太平洋板块向美洲板块下面的俯冲，北美大陆的西缘逐渐隆起成一个巨大的山脊——这个山脊的一部分后来构成了落基山脉。曾经在水下几百甚至上千米的洋底被抬升而露出了水面。板块碰撞和俯冲引起的火山爆发向空中喷出大量的火山灰。西部内海逐渐变干，原来被水浸没的地方成了干燥的陆地。北美大陆逐渐成型，这块大陆的轮廓及其由中部大平原与西部大山脉构成的基本地形由此确立。

矛齿鱼
Enchodus
目：Salmoniformes
白垩纪时期·北美洲
约 1.2 米

左页图：在月光的映照下，一群密密麻麻的矛齿鱼游过。尽管长着一口巨大的尖牙，这种鱼还是逃脱不了被许多掠食者吞噬的命运。

现代
海怪出现

今天的海洋仍然存在海怪，
那便是巨型哺乳动物和鲨鱼

居氏鼬鲨
Galeocerdo cuvier
常用名：虎鲨
最早出现于大约
4800 万年前
长约 5.5 米
作为一种真正的
杂食动物，它似乎可以吃
任何东西——鱼、水鸟、
腐肉到人类的垃圾

50

鲸鲨
Rhincodon typus
常用名：鲸鲨
最早出现于大约 3300 万年前
长约 12 米
作为地球上最大的鱼类，
这种巨鲨主要吃浮游生物和小型
甲壳动物

40

姥鲨
Cetorhinus maximus
常用名：姥鲨
最早出现于大约 3500 万—
2900 万年前
长约 7.9 米
作为一种滤食性动物，
这种鲨鱼温顺无害，萌态可掬，
经常会在游泳时张大嘴巴
距今 2500 万年前

30

在这张 1549 年绘制的斯堪的纳维亚地图（即海图）上，海怪遍布遥远的角落。

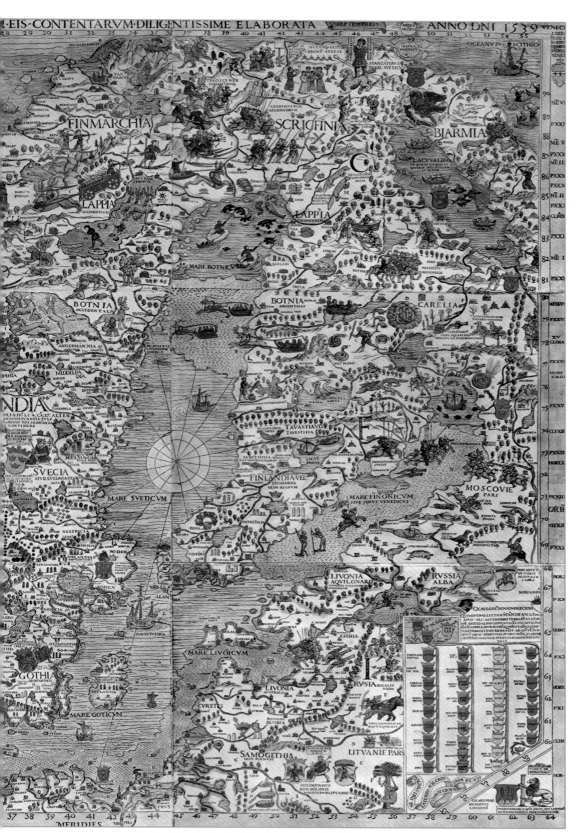

它们是幻想出来的生物还是现实的怪兽呢?

距今 2500 万年前

抹香鲸
Physeter catodon
常用名: 抹香鲸
最早出现于大约
2000 万年前
长约 18.2 米
作为最大的齿鲸,它们能
以 37 千米的时速游动。
它们以巨型乌贼为食

20

15

噬人鲨
Carcharodon carcharias
常用名: 大白鲨
最早出现于大约
1100 万年前
长约 6 米
大白鲨的名号令人胆寒,也当
之无愧; 它是世界上最大的掠
食性鱼类

10

蓝鳁鲸
Balaenoptera musculus
常用名: 蓝鲸
最早出现于大约 1000 万—
500 万年前
长约 33.5 米
作为一种温驯却异常庞大的动
物,它被认为是地球上有史以
来最大的动物

5

虎鲸
Orcinus orca
常用名: 逆戟鲸
最早出现于大约 500 万—
200 万年前
长约 7.9 米
作为一种成功的掠食者,
虎鲸是海豚科最大的物种

1

当今

这些变化，构成了白垩纪最后 2000 万年里北美地区环境演变的主要内容，而这些变化也意味着海怪们时刻面临日益严峻的生存压力。随着海洋面积的缩小，它们的领地严重萎缩。环境变化还对海域里的微型植物和动物的数量和生物特性产生了影响。这些变化通过食物链产生作用，当底层的作为食物的生物因为气候变化而濒临灭绝时，以它们为食的消费者们也在不知不觉中走到了穷途末路。

这些变化持续了数百万年。随着时间的流逝，饥饿的掠食者们只好选择更小型的猎物果腹。最终，即使是那些曾经最繁盛和最成功的动物，如蛇颈龙和沧龙，数量也在逐渐减少。这些史前海怪一个接一个地死去，直至走向彻底灭绝，淹没在了地球历史的长河里。但是它们在地层里留下了化石记录，等待着在几千万年之后的未来被人类发现。

戈尔冈龙
Gorgosaurus

目：Saurischia
白垩纪时期·北美洲
约 9.1 米

灭绝理论

以上图景描述了关于主宰白垩纪晚期海洋的海怪们如何走向灭绝的一种理论。根据这个理论，灭绝的过程很缓慢，它可能持续了几百万年。而另一种理论则将海怪们的灭绝归因于重大的灾变事件，比如陨石撞击。这个理论认为这样的事件给地球上的所有生命带来了急剧的、毁灭性的后果。当然，这两种理论并非不能兼容。因为在陨石撞击地球前，缓慢的变化可能早已开始，撞击事件只不过加速了灭绝的进程。

尽管如此，灭绝终归是发生了，化石记录显示，约在 6600 万年前，地球上的生命进程发生过一次巨大的转变。地质学家和古生物学家将这次重大的转变称为地质时代由中生代

向新生代的转变，他们称其为"KT 界线"——中生代时期最后一个阶段白垩纪（Cretaceous，地质学里简写为 K）和新生代第一个阶段第三纪*（Tertiary，地质学里简写为 T）之间的界线。

值得注意的是，物种的灭绝是一个自然过程。当物种无法适应变化的环境时，就会走向灭绝。曾经生存于这个地球的 99% 以上的物种都灭绝了。化石记录表明，脊椎动物的物种一般可以存在大约 500 万年，之后它们要么演化成一个或多个其他的物种，要么就走向了灭绝。

除了这种物种演化和灭绝的正常周期之外，化石记录还显示地球上曾发生过几次大规模的灭绝事件。第一次发生在距今约 4.5 亿年前。而最严重的一次则发生在距今约 2.52 亿年前，当时近一半的海洋生物都灭绝了。灭绝之后，生命复苏并再度繁盛，而后在距今约 2 亿年前（三叠纪末），经历了另外一次大型的灭绝事件。在距今约 1.5 亿年前的侏罗纪末期发生过一次规模稍小的灭绝事件，在这次事件中，大部分鱼龙消失了。

最为人们所熟知的一次大型灭绝事件是发生在距今约 6600 万年前，也就

晚白垩世火山频繁爆发，火山灰云团布满了天空，整个北美西部笼罩在一片混沌之中。

*译者注：现在已用古近纪 Paleogene 代替。

网页链接

更多关于灭绝事件的信息，请访问
电影官方网站。

是发生在 KT 界线的这次灭绝事件。地球上的许多物种，就在那个时候几乎同时灭绝。灭绝动物的清单里包括苟延残喘的恐龙、无齿翼龙、蛇颈龙、沧龙和许多其他的物种。这次 ◄灭绝事件影响非常广泛，它威力巨大，横扫一切。因此，理论家们总想寻找某一个重大的事件来解释它，这是可以理解的。

假设这样的一次灾变事件真的发生过，那当时到底发生了什么呢？从已有的地质证据来看，大约在 6600 万年前，一颗宽约 9.6 千米的陨石——大约和珠穆朗玛峰差不多大——撞向了地球，撞击点就在墨西哥尤卡坦半岛（Yucatan）上的希克苏鲁伯镇附近。这次撞击的冲击力无疑是非常巨大的，其破坏力远远超出了人类的想象。它瞬间产生的影响可能辐射到数百甚至数千公里之外的地方，其后续影响更是波及全球。这颗陨石自身的大部分已经在撞击的一刹那燃烧殆尽，而撞击使碰撞点附近巨量的岩石四处飞散，从而砸开了一个直径超过

在印度次大陆的德干高原上存在巨厚的玄武岩，即所谓的德干地盾。这些火成物质可追溯到大约距今 6800 万—6000 万年前。一些科学家推测 KT 界线的火山爆发可能导致恐龙和海生爬行动物的大规模灭绝。

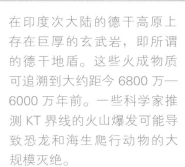

160 公里，深度约数公里的火山口。地质学家们认为他们已经找到了这个由陨石造成的巨型火山口。几千万年来，它隐藏在水下，被沉积物掩盖，但是依据今天墨西哥东部地区的许多地质特征，地质学家们可以将它识别出来。

从尤卡坦半岛火山口遗存的形状判断，这颗陨石进入地球大气圈时正向西北方向飞行。如果是这样，它的冲击波以及后续影响在西北方向应该最为强烈——换言之，这次撞击带来的毁灭性影响可能最先集中在西部内海的南部地区。炽热的能量和爆炸的威力会杀死方圆数百公里内的所有生物，并且将地震波、火灾以及海啸级别的海浪推至更远的地区。因此，生活在这些水域里的生物必定会在很短的时间内大批地死亡，它们受到的冲击比任何人造的炸弹都要大得多。大块的碎屑飞起冲向大气层，它们飞得如此之快，如此之高，有些甚至足以到达近地轨道。而此后的数周甚至数月的时间里，它们会如降雨一般落

一头海王龙纵身一跃，冲出海面，不幸的是，它的未来并不乐观。这是艺术家对晚白垩世灾难性陨石撞击事件的诠释。

小行星或彗星内核与地球相撞后不久，撞击区域可能是这副模样：尤卡坦半岛海岸线上留下了一个直径超过 177 公里的陨石坑。

尤卡坦半岛的地下深处有一个直径超过 177 公里的陨石坑，它是 6600 万年前一颗陨石撞击地球形成的。几十年来，墨西哥普罗格雷索市附近的石油钻探发现了尤卡坦半岛海岸线附近一个大致圆形区域内的地质异常。在 900 多米深处发现的一些岩石具有不寻常的特征。物理学和化学分析表明，它们是在巨大的压力、应变、冲击和高温下形成的。当时的情景逐渐明朗了：曾有一个巨大的物体在这个地点撞上了地球，根据附近玛雅人沿海村庄的名字，这个地点被称为希克苏鲁伯。今天，关于希克苏鲁伯陨石撞击是否造成了 KT 界线的大灭绝，学界的争论仍在继续。一些科学家认为，这个陨石撞击事件比大灭绝早了 30 万年，而且造成大灭绝的原因可能相当复杂。然而，撞击留下的陨石坑是真实存在的，而且对于这里曾发生过的惊天动地的事件，无人表示怀疑。

在接下来的数百甚至上千年的时间里，衰败和死亡之后，新的生命必将应运而生。随着时间的推移，希克苏鲁伯陨石撞击引发的灾变事件唤醒了新的生机，生命再次繁荣起来。这一次，哺乳动物取代了称霸1亿多年的恐龙，成为陆地动物的主导者。大自然好像给生命按了下暂停键，而后又让这个星球上的生命再次地欣欣向荣起来。

但是白垩纪的海怪时代从此一去不复返了。原来被蛇颈龙和沧龙统治的地方，新的王者已君临天下。一些哺乳动物走向了海洋，包括一类原始的鲸类——龙王鲸，这种原始的鲸鱼外形很像沧龙。其他即将走向海洋的哺乳动物也在跃跃欲试，它们的体形开始变大，一直大过它们的陆地祖先。随着新时代的来临，海生爬行动物们黯然退场，再也不复曾经的荣光了。

缓慢灭绝理论

陨石撞击的理论固然有理，而海怪们的灭绝很可能也历经了数十万年的时间。实际上，在希克苏鲁伯陨石撞击之前，已有一些迹象表明海洋生态系统已经出现了崩溃的先兆。很多单细胞浮游生物，包括有孔虫，似乎在很短的时间内灭绝了，而这些生物体能够将太阳能转换成其他动物能够利用的有机物质。因此，像浮游生物这样的微型生命是海洋整体生态的基础。不仅如此，它们还生产了每个动物所需要呼吸的氧气。

这些微型生物和其他小型消费者的集体死亡，波及从底部生产者到顶端掠食者的整个食物链。首先，以微型浮游生物为食的无脊椎动物和小型鱼类因食物短缺而被饿死，而后捕食小型猎物的较大型鱼类也饿死了。这一效应沿着食物链逐级向上蔓延。居于生态金字塔顶端的沧龙、蛇颈龙和其他大型海生掠食者不久也面临了食物短缺的麻烦，最终它们也一一饿死了。这样一个缓慢的灭绝过程持续了数千年之久，它确实不像"珠峰那样巨大的陨石撞击地球"这样的事件那么引人入胜。这种缓慢灭绝的叙事，与其说是一声震天的巨响，不如说是一阵长长的呜咽。一些专家确实也认为，用这种理论来解释海怪时代落幕时海生爬行动物的灭绝过程要更为合理一些。

托斯特巨鱿属（幼年）
Tusoteuthis longa
目：Vampyromorphidia
白垩纪时期·北美洲
约3.7米

左页图：晚白垩世时期北美的温带气候可以供养茂密的森林、成群的食草鸭嘴龙以及捕食它们的掠食者。

相簿：发现怪兽

1999 年，古生物学家伊丽莎白·尼可斯（Elizabeth Nicholls）和她的同事在研究一条鱼龙的头骨。

古生物学家挖掘得越多，发现的海怪就越多。有些是对已知物种的补充，而另一些发现则是在海生爬行动物的已有族谱上增加新的名称和支系。例如，加拿大古生物学家伊丽莎白·尼可斯在不列颠哥伦比亚省的锡坎尼酋长镇河沿岸发现了大量的化石，此后人们对鱼龙的了解大大增加。尼可斯和她的团队花了 6 年时间，外加 3 个艰难的野外考察季，才从河床的岩石里挖掘出了这具完整的化石。这只动物从吻部到尾巴的长度接近 21 米。单是它的头骨就有 1.5 吨重。这是迄今为止发现的最大的鱼龙。尼可斯教授的发现提供了新的信息，因为这条巨大的鱼龙的下颌居然没有牙齿。而较小的、较年轻的鱼龙是有牙齿的。也许这些生物成年之后牙齿就掉了。如果是这样的话，它们的食物一定同时发生了变化，幼年时使用牙齿，这个时期的食物可能是必须用牙齿才能咬住的鱼类或者其他较大的生物，到成体阶段无牙可用，这时候的食物可能是靠吸力吸进嘴里的小型无脊椎动物。这种鱼龙的嘴巴够大，这意味着它可以吞下任何它想要吃的东西。尼可斯教授和她的同事们同意以他们发现它的河流名字将其命名为西卡尼肖尼鱼龙。

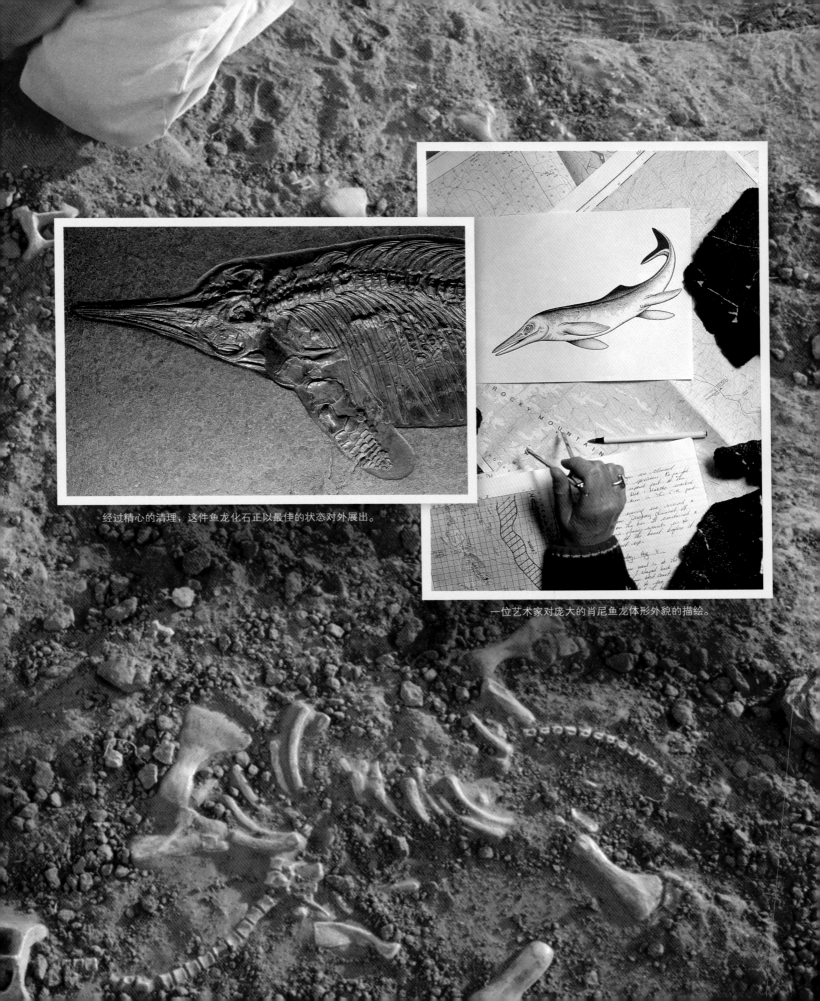

经过精心的清理，这件鱼龙化石正以最佳的状态对外展出。

一位艺术家对庞大的肖尼鱼龙体形外貌的描绘。

堪萨斯海王龙的椎骨化石。

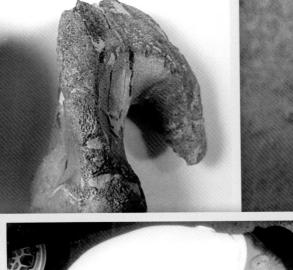

在一次挖掘中，本书作者发现了一头新的海怪。

在过去的 10 年里，人们还发现了其他新的海怪物种，并对它们进行了命名，这代表了史前海怪种类的激增。2005 年，一种新的海王龙物种——堪萨斯海王龙（*Tylosaurus kansasensis*）被公布，其名字取自印第安部落（Kaw 或 Kansa）及其所在的堪萨斯州。同年，基于在加拿大和日本挖掘的蛇颈龙标本，几个新的蛇颈龙物种也被陆续公布于众。一种新的沧龙的名字标明了它的起源地和发现者：特纳利达拉斯龙（*Dallasaurus turneri*），它由范·特纳（Van Turner）发现于得克萨斯州达拉斯附近。1989 年，业余化石猎人特纳在一个建筑工地的泥土中发现了一块脊椎化石。他尽己所能收集了那些化石材料，并将其带到达拉斯自然历史博物馆和南方卫理公会大学的古生物学家那里。16 年后，一篇科学论文发表了这个新物种，这是沧龙演化史上最早的物种之一。尽管特纳利达拉斯龙的体长只有 0.9 米，但它的后代却演化成了晚白垩世的海洋巨兽。

背景图：在电影中的这一场景中，一位古生物学家正小心翼翼地揭开一件蛇颈龙的化石。

幸存者

尽管如此，有一类海生爬行动物却幸存了下来，而且它们的后裔和我们一起生活在今天的世界。在电影《与海怪同行》中出现的动物，很显然，晚白垩世的那次大灭绝让大多数海怪销声匿迹，而海龟成了唯一的幸存者。虽然有些大型海龟的种类，如巨型原盖龟和帝龟的确灭绝了，但一些较小的种类却逃过了这一劫。可能因为海龟是卵生的繁殖方式，因此它们能比其他卵胎生的海生爬行动物繁殖出更多的幼崽。也可能由于它们以大灭绝中存活下来的其他动植物为食，因此与蛇颈龙和沧龙的取食方式不同。当然，这些都只是猜测，我们无法确切地知道海龟为何能在晚白垩世的劫难中存活下来，而其他海怪却没那么幸运而全都成为历史。

古巨龟
Archelon ischyros
目：Testudines
白垩纪时期·北美洲
约 4.6 米

比较珍稀的物种棱皮龟是现存的最大的海龟，它是电影中巨型海龟亲缘关系最近的后裔。棱皮龟体长可达 3 米，重达半吨。这种动物可能在很多方面沿袭了其史前祖先的状态。它们的"龟壳"的主体部分不是其他海龟那样的坚硬骨片，而是被肋骨撑开的致密的结缔组织。这一构造让人联想到斯莫基山白垩层中的海龟背壳。

棱皮龟分布在大西洋、太平洋和印度洋，主要以水母为食。据说，它们可以潜到近 1500 米的深海。和它们的祖先相似，雌性棱皮龟会回到海岸产卵。大约 65 天之后，幼龟破壳而出，并径直爬向大海。在这段艰难的旅途中，小海龟们很容易被太阳灼伤，也极易被掠食者猎杀。然而，对棱皮龟来说，这还不是最大的威胁。人类活动对这种生物带来了最严重的危害。近几十年来，棱皮龟的数量在急剧减少。海洋科学家已经呼吁暂停那些有害的渔业行为，力图挽救这些历经数劫而幸存下来的物种，使其免于在 21 世纪被人类亲手葬送。

左页图：在热带水域发现的玳瑁海龟，其祖先可以追溯到史前的某种海龟。与这种古龟亲缘关系更近的现代后裔是相对罕见的棱皮龟。

一条曼氏白垩尖吻鲨杀
气腾腾地冲了过来——
它的大嘴张开，摆好了
攻击姿势。这种鲨鱼是
西部内海的顶级掠食者
之一。

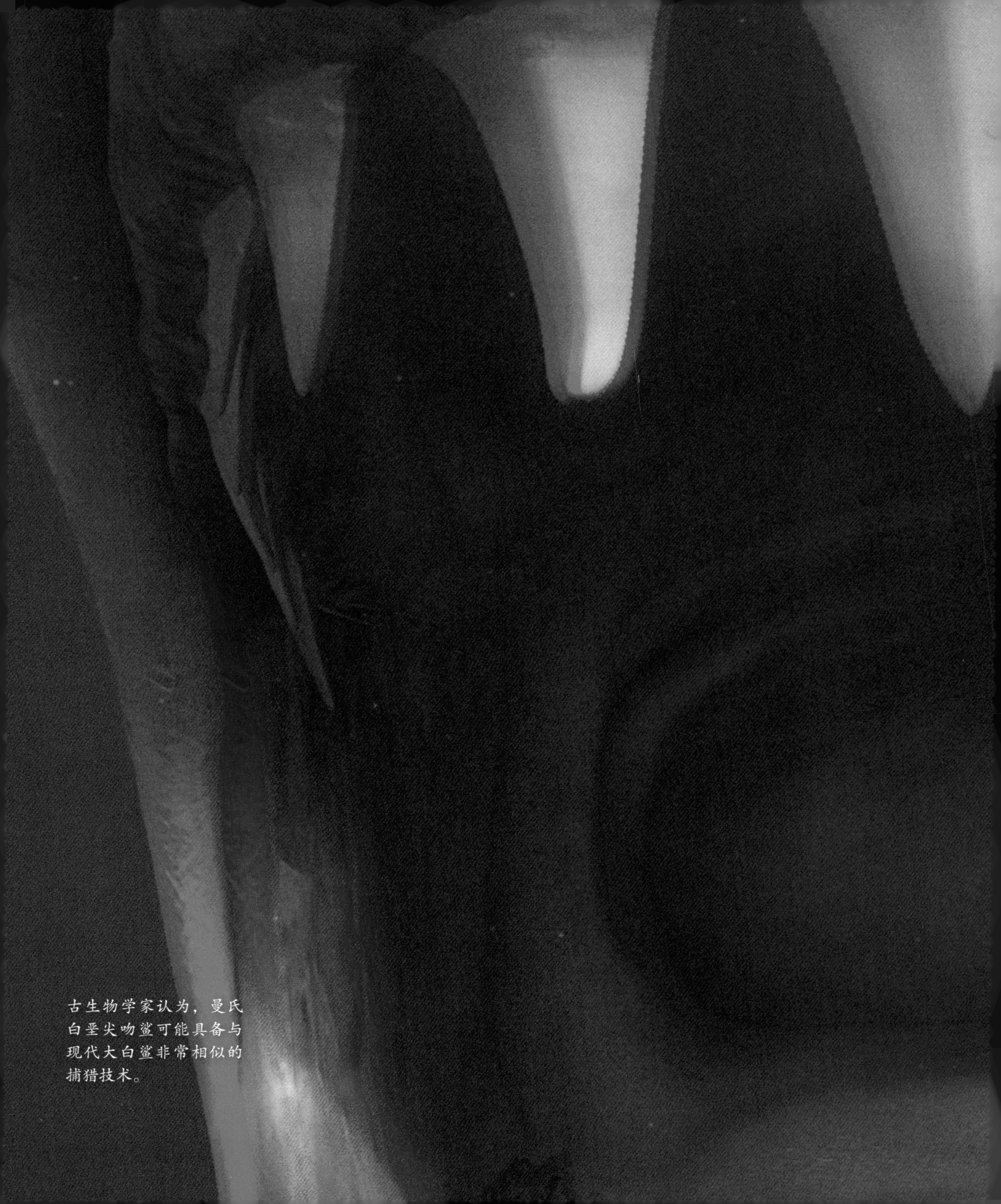

古生物学家认为，曼氏
白垩尖吻鲨可能具备与
现代大白鲨非常相似的
捕猎技术。

曼氏白垩尖吻鲨的牙齿能切断骨头，因此它有一个"剃刀般锋利"的别名——金厨鲨。如今，鲨鱼牙齿是美国堪萨斯州最常见的化石发现之一。

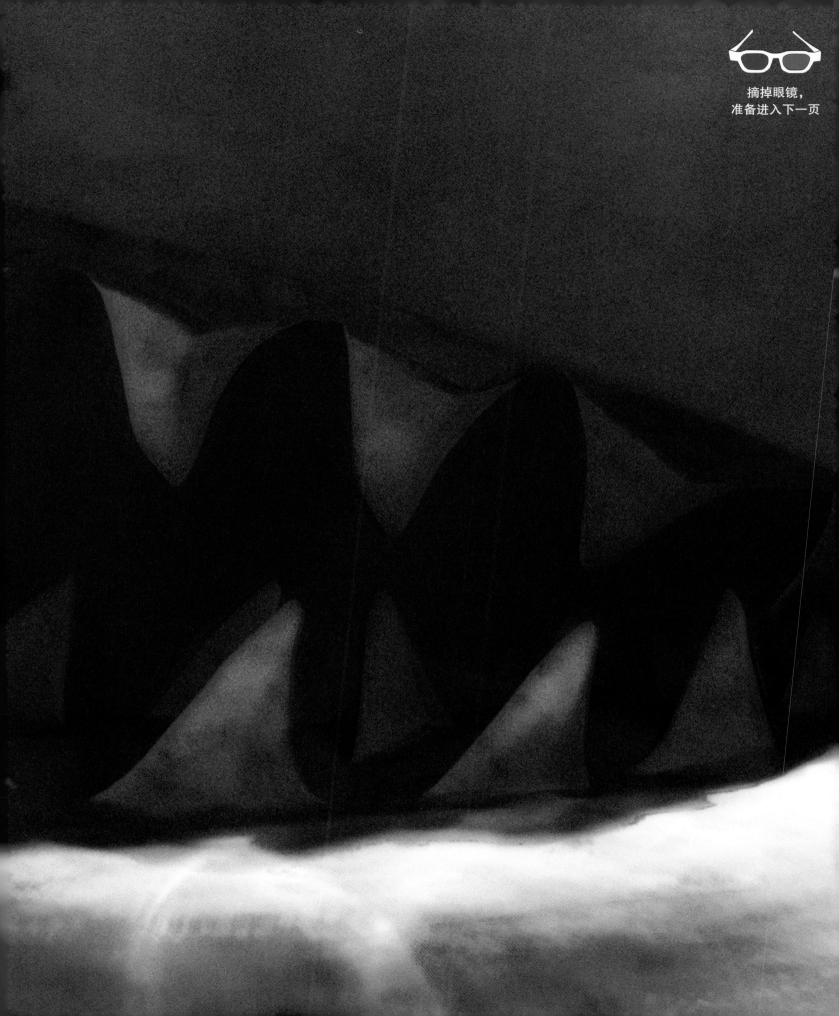

摘掉眼镜，
准备进入下一页

第五章 **3D电影制作**

变幻无常的天空为西堪萨斯州碑岩的拍摄现场增添了神秘的气氛

2005 年 12 月刊的《国家地理》别出心裁，其封面上呈现了众多史前动物的形象，俘获了读者的好奇心。封面上映入眼帘的是一只史前鳄鱼达克龙（*Dakosaurus andiensis*）。这种鳄鱼满嘴利齿，神色狰狞，似乎就要裂纸而出。封面标题赫然写着"海怪——科学家们复活了'哥斯拉'"。古生物学家们最近在阿根廷的巴塔哥尼亚发掘出了一件完整的达克龙头骨化石。化石点原是太平洋的一部分，而今已是内陆。古生物学家迭阿戈·珀尔说："它是鳄鱼家族中进化程度最高的成员之一，同时它也是这个家族最奇特的物种之一。"科学家和艺术家一起研究这具头骨，合作设计出这一期杂志的封面。这张令人兴奋的封面唤醒了 1.35 亿年前某一瞬间的鲜活场景。本期杂志里介绍了很多远古时期的海怪，如薄片龙和沧龙。这些海怪齐聚一堂，但它们并非同时代的动物，而是隔着好几百万年的时间。

斯氏无齿翼龙
Pteranodon sternbergi
目：Pterosauria
白垩纪时期·北美洲
翼展：约 6 米

左页图：别名"哥斯拉"的达克龙正在保护自己的食物免受一群饥饿翼龙的掠夺。这张照片登上了《国家地理》2005年 12 月刊的封面。

电影
的制作
一部具有里程碑意义的
电影的创作过程

时间：2005 年 12 月
事件：《国家地理》杂志的
封面故事以电脑模拟的
远古海生爬行动物为主角，为
后来的电影《与海怪同行》
提供了灵感

时间：2006 年 2 月
事件：草拟脚本，并创建分镜脚
本。作家与专家顾问合作，选定
了一个时间段以及当时存在的
古生物

时间：2006 年 4 月
事件：拍摄开始，并持续至 6 月。
不同的摄制组分别前往巴哈马和
堪萨斯拍摄贯穿整部电影的镜头

时间：2006 年 7 月
事件：开始对动画角色进行建
模。动画师与电影顾问密切合
作，以科学准确的方式描绘史
前海怪及其同时期的其他动物

时间：2006 年 9 月
事件：在完成电影的第一个粗略
剪辑后，电影顾问们的紧张工作
仍在继续。在将脚本移交给视觉
效果专家之前，必须先进行审核

12/05
01/06
02/06
03/06
04/06
05/06
06/06
07/06
08/06
09/06
10/06

工作人员用软管将保护巴哈马群岛水下拍摄镜头的重型 3D 摄像机的防水外壳弄掉。

12/06

时间：2006 年 12 月
事件：动画建模还在继续。每周
与专家举行会议，审核海洋生物
相关信息的准确性和现实性

01/07

02/07

时间：2007 年 2 月
事件：第一批主要角色的模型获
得认可。当每个角色的
体态、形状、颜色和纹理
最终确定后，它们将

03/07

合成到动画场景中

04/07

05/07

时间：2007 年 6 月
事件：经过几十次修改，
正式的剧本最终定稿。

06/07

录制电影旁白和配乐

07/07

时间：2007 年 7 月
事件：完成所有动作序列的动
画，工作从第一张
投影晒相开始

08/07

09/07

时间：2007 年 10 月
事件：多年的辛勤工作和细致研
究的最终成果——电影《与海怪
同行》在美国各大影院首映

10/07

11/07

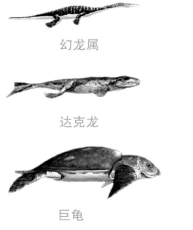

幻龙属

达克龙

巨龟

在这本杂志里，同样栩栩如生的还有通过计算机制作生成的各种史前海生爬行动物的影像。这些制作生动地再现了曾经统治海洋亿万年之久的海生爬行动物的形态与行为。虽然这些海洋生物的化石在恐龙化石之前就已经被发现了，但它们却从未像它们的陆地同类那样为公众所熟知。现在，多亏了最新的科学发现和最先进的图像技术的结合，国家地理学会拥有了这个机会，将这些远古生命以前所未见的方式带到了公众面前。

亲见史前海怪

泰曼鱼龙

为了撰写杂志中的专题文章，一个由艺术家和顾问组成的团队合作完成了这组令人惊叹的电脑合成影像，并在杂志中做特别介绍。根据化石材料，技术人员为每一种海生爬行动物建立了电脑合成的三维立体模型。第一步是通过观察化石骨骼创建一个三维立体骨架。这是一项很复杂的工作，因为化石骨架通常是不完整的，而且石化的过程往往会扭曲或压扁动物的骨骼。但是要确定这些动物的真实的活动状态，仔细捕捉化石所传达的信息非常重要。只有这样，动物们的捕食和游泳动作才能在电影里得以准确复原，并且符合它们的解剖学特征。利用古生物学家提供的知识，艺术家们开始为9种不同的动物制作电脑合成的线框模型。然后再用肌肉和皮肤充实它们的躯体，接着再加上颜色和纹理质感。在制作过程中很重要的一点是，我们需要丢掉对海怪外形先入为主的想象。因为它们的影像需要尽可能地贴近真实的历史记录，而非科幻作品虚构的形象。之后，艺术家和电脑程序员汇

克柔龙

海霸龙

海王龙

肖尼鱼龙

总这些细节，并创造出海怪的三维立体外形，在一些场景中还可能需要展现它们的捕食习性。后来这些资料作为《国家地理》杂志 2005 年 12 月刊的封面故事"海怪"的配套作品发布在网络上。

这期《国家地理》杂志的封面故事只是一个开始。文中对这些海生爬行动物的描绘非常精彩，引人入胜，而且信息丰富，给人们带来了很多思考。如果将这些史前动物投影到巨幅屏幕上效果如何？若将它们做成 3D 模型是不是会更生动？"复活"它们，让它们尽可能地贴近 21 世纪人们的生活，将它们生活过的那个世界，以及它们的同伴展现出来，人们会不会感兴趣？关于海怪的 3D 巨幕电影的想法激起了每个人的好奇心，电影的构思也开始渐渐成形了。

寻找故事

首先，为电影《与海怪同行》的故事设定一个时间背景是很重要的。杂志中可以描述很长地质年代里生物们的故事——从 2.3 亿年前三叠纪的幻龙到 9500 万年前白垩纪的海霸龙。但是这种叙事方法对于电影制作来说却有相当的难度。要讲一个完整而统一的故事，电影的内容就必须设定在特定的一个时空情境里，这样各种生物就可以彼此产生联系。

一个令人惊叹的化石发现帮助《与海怪同行》电影制作团队将背景时间选择在了 8200 万年前的晚白垩世。这个决定的灵感来自古生物学家查尔斯·斯坦伯格撰写的一个短篇通告，这个通告报道的是 1918 年他在堪萨斯的化石发现。他这次的发现非同一般，那是一头肚子里藏着一具蛇颈龙骨架的沧龙。斯坦伯格先生在 1918 年堪萨斯科学院会议上报道了这个发现，但是会议的报告论文直到 1922 年才刊出。而且文中关于这个发现的内容也只是一段很容易被人忽略的简单通告。通告中告知这个标本已被送往美国国家博物馆——也就是今天的史密森学会。这件沧龙标本也在 1921 年的《科学美国人》杂志上有文章描述，但是却没有提及那令人称奇的胃容物——一具蛇颈龙的残骸。简而言之，查尔斯的发现被湮没在科学文献

板齿泰曼鱼龙
Temnodontosaurus platyodon
爬行动物：Ichthyosauria
侏罗纪时期·欧洲
约 9.1 米

上图：1 亿年前漫游在海洋中的一条巨型鱼龙，身体长超过一辆 18 轮卡车。

一类名叫楯齿龙的海生
爬行动物的代表无齿龙
（*Henodus chelyops*），正
在一个潟湖里（位于今
天的德国境内）优哉游
动，这个动物的身宽大
于其身长。在欧洲发现
的它的化石遗骸可以追
溯到距今 2.25 亿年前。

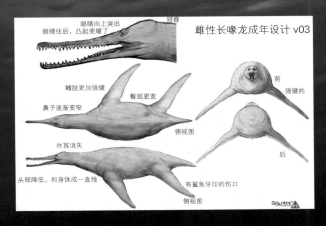

雌性长喙龙成年设计 v03

眼睛向上突出
眼睛往后，凸起变缓了
冠脊
鳍肢更加强健
臀部更宽
鼻子逐渐变窄
俯视图
前
强健的
后
外耳消失
头部降低，和身体成一直线
侧视图
有鲨鱼牙印的伤口
DAHNA

第一步：
首先，通过研究化石记录和已有图像，艺术家们绘制出长喙龙"多莉"各个角度的图稿。科学顾问们则仔细审核这些图稿，并对动物的外形、身体比例以及解剖结构等细节做必要的小幅修改。这样的图稿也让艺术家和科学家们之间的沟通更有效率，以更好地确定"多莉"的运动方式。

第二步：
结合电脑处理过的图像，艺术家和古生物学家比较化石记录和正在制作中的复原图。这是一幅电脑制作的长喙龙完整骨架与一幅长喙龙复原图叠加在一起的示意图。叠加之后，图稿需要修正的地方一目了然：它的桨状肢在身体上的位置应该更靠后一些。

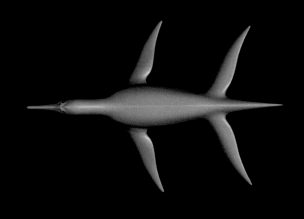

第三步：
在各个角度的平面图完成之后，交由电脑合成一个立体模型。绘图软件可以旋转图像，这是一个制作 3D 影像所必要的步骤。电影中长喙龙穿梭于各个场景，呈现各种姿态，这个初始模型就是它在影片中所有形象的原型。

雌性"多莉"

成为母亲的"多莉"

第四步：
接着，艺术家往模型上补上色彩和纹理质感。这样的操作往往是基于古生物学家对海怪们这些特征的猜测。例如，就像今天很多海洋掠食者一样，长喙龙可能也进化出了"反荫蔽"体色模式的优势，即背侧颜色较深而腹侧颜色较浅，这是动物保护色的一种类型。

并确保得到相关土地所有者对电影摄制的许可。正式拍摄时，古生物学家由演员来扮演，但他们最初的发掘现场则只有通过道具和其他条件进行再现了。

去哪儿找一具 9 米长的完整的沧龙骨架呢？怎样才能做出肚子里存在另外一条鱼的 4 米长的大鱼？制作团队想到了特伯德先生的公司，这是一家专业制作博物馆级铸件骨架的公司。戴维·厄尔特和他的员工们早已对堪萨斯的海怪了如指掌。科罗拉多伍德兰公园博物馆的落基山恐龙资源中心有一件 14 米长的普氏海王龙的翻模，其化石实物标本发现于 1911 年的堪萨斯。这是北美地区发现的最大的沧龙类。公司负责人迈克·特伯德说："有趣的是，我们公司的强项是制作脱离围岩，不像原位化石那样被挤压变形的立体骨架，而这个项目却要我们把骨架模型再放回人造岩石，还要让它们恢复原有的那种被挤压变形的状态……事实上，这与我们惯常的操作流程是完全相反的。"特伯德先生的团队将硬聚氨酯和聚氨酯泡沫涂在木头和金属支架上，为查尔斯一家在白垩层里找到的每一件化石都制作了精致的复制品。之后电影制作人员把这些复制品埋进拍摄场地的泥土里，这样演员们就可以通过表演重现当年的发掘情景，戏剧化地把这些"化石"从地下"发掘"出来。

制作设计师查尔斯·布切尔为在堪萨斯州怀尔德卡特峡谷附近的白垩层的拍摄准备了一具剑射鱼化石的复制品。

2006 年 6 月中旬，电影摄制组进驻堪萨斯西部，拍摄工作正式开始。影片顾问迈克·厄维哈特在戈府镇与他们会面。在这里，他们将拍摄查尔斯·斯坦伯格的那个大沧龙肚子里吃进一头蛇颈龙的历史性大发现。电影再现了查尔斯和他的两个儿子，乔治和李维，在名叫"碑岩"的白垩岩层东侧挖掘一具沧龙骨架的场景。从画面的背景里可以看见一辆小卡车，还有一处野营地和一顶帐篷。而在幕后▶，创造这个历史性时刻的是一组掌握专业器材的制作人员，他们有时候藏在镜头后面，有时候躲在摄制现场背景中的岩石后面。而在摄影镜头之外，停着运服装、化妆间和道具的拖车，还有两辆装备齐全的餐车。它们是专程从加利福尼亚调过来为这些野外工作人员提供餐饮服务的。

在电影拍摄期间，迈克·厄维哈特是导演、制作组和演员的科学顾问和技术指导。他帮助演职人员理解他们所拍摄的科学内容，具体到教他们如何正确拼读"海王龙"和"剑射鱼"的拉丁名。所有演职人员们充分地发挥才能，在电影中他们再现的不仅仅是化石发掘的场景，更重要的是，还要体现像查尔斯·斯坦伯格这样著名的古生物学家的人物个性与风格。

拍摄的过程是很紧张的，部分原因在于这需要投入惊人的时间和金钱成本。每个参与其中的人都非常认真。每当有人喊道："片场肃静！"所有人都会安静下来，全神贯注于自己的职责。每一个镜头的摄制都需要时间——安排演员就位，确保背景里没有任何多余的东西在移动。有一天，工作人员和演员们在"碑岩"拍摄地工作到了下午，想赶在太阳落山前结束场景的拍摄。光线渐渐暗了下来，还有一个重要的镜头没有拍。那是查尔斯·斯坦伯格坐在他的露营桌前，正画着他想象的一头沧龙吞下一头小蛇颈龙的情景。上一个场景逐渐淡出，转成查尔斯手部的一个特写，他的手定在画稿上。而后镜头再过渡成一个动画场景。"这可能是为本部电影拍摄的最小的片段之一，"迈克·厄维哈特说道，"几天之后，摄制组以我的一只手补拍了特写镜头。拍一部电影可真是烦琐啊！"

创造一个水下世界

摄制组不仅在堪萨斯拍摄，同时还要在巴哈马群岛开机。这里的热带水域

网页链接

更多关于电影制作的信息，请访问电影官方网站。

重现一个真正的化石发掘现场，电影制作者有时候要运用复杂高新科技，但有时候却简单到只需一支铅笔、一张白纸。

班纳博格米努斯鱼
Bananogmius

目：Tselfatiiformes
白垩纪时期·北美洲
约 1.8 米

以及钙质碳酸盐台地成为一个完美的背景选取地，这里的环境与 8200 万年前的北美西部内海极为相似。通过使用专门配备防水罩的重型 3D 摄像机，摄像师们拍摄了水上和水下环境的许多镜头，力求反映从平静的浅海到较深的外海等多样化的海怪生存环境。这些镜头在后期会被当作动画制作时的布景。

复原海生爬行动物及其共生生物需要科学顾问团队的参与。与迈克·厄维哈特一同参与电影制作的还有丹佛自然和科学博物馆的肯·卡彭特和辛辛那提博物馆中心的格伦·斯托尔斯。他们三位带来了自己的野外实践经验和学术研究成果，以确保电影的每一处细节都符合科学记录。

与 2005 年 12 月《国家地理》特刊制作的动物形象同步，视觉艺术家也开始为影片里的所有动物制作电脑模型。这些动物既有如海王龙这样的主角，也有像杆菊石那样的小角色。这些模型的

参观史前海怪

可以参观以下
令人兴奋的博物馆：

斯坦伯格自然历史博物馆
堪萨斯州海斯市

菲克化石与历史博物馆
堪萨斯州奥克利市

堪萨斯大学自然历史博物馆
堪萨斯州劳伦斯市

内布拉斯加大学州立博物馆
内布拉斯加州林肯市

落基山恐龙资源中心
科罗拉多州伍德兰帕克

丹佛自然和科学博物馆
科罗拉多州丹佛市

设计开始于对真实化石的细心观察，并参考科学顾问审核过的古生物复原艺术作品。而作为辅助，电脑绘图师则为电影动画里的每个角色绘制复原图，这些都要经过科学顾问的严格审核。这些模型在设计师和科学家之间往返多次，反复打磨，直到学术专家们认为模型的确反映了当前对这些动物的科学认识。

一旦初始模型制作完成，艺术家们就有了创作的基础，它们对每一种海生爬行动物的大体形态有了初步的印象。接下来就是漫长的工序——为每个动物上色并制作肌理质感。这一部分工作需要审美上的平衡，兼顾电影的视听效果和化石的客观记录。同样，这个步骤也需要艺术家和科学家之间进行很多轮的交流与讨论，包括根据科学家的建议和批评，对模型进行改变和修正。其中一些动物，如无齿翼龙和黄昏鸟，针对后者这种失去飞行能力的海鸟，艺术家需要耗费数个月的时间反复设计，直到专家们完全满意为止。

当一组艺术家在给模型制作纹理质感时，另外一组人则在创作动画。但问

为了能最好地表现晚白垩世地球的海洋环境，电影制作团队赴巴哈马群岛鹅鹕礁国家公园拍摄了那里蓝绿色的海水景色。摄制组对水上和水下环境都有取景。

古生物复原艺术

一头曼氏白垩尖吻鲨正在攻击一头幼年海王龙，丹·瓦尔纳于 1999 年绘制。

早在 19 世纪初，科学家们就开始主动宣传他们的化石发现，与此同时，艺术家们则通过想象从未见过的生物的形态和行为，绘制它们的素描图。这些早期作品是严格按照解剖学原理绘制的，例如法国科学家巴隆·乔治·居维叶亲自绘制的插图，就是其中的经典之作。居维叶非常仔细地绘制自己和同行们研究过的动物骨骼，并将骨骼布置成活体的状态，而后再加上轻淡的轮廓以勾勒出这个动物的躯体。

之后，艺术家们开始绘制景观，并把这些动物放在想象的生活环境中。在 19 世纪 30 年代，英格兰画家乔治·沙夫创作了一些表现史前海生爬行动物生态环境的作品。乔治·沙夫的一幅作品描绘了陆地附近的一片浅海。画中翼龙在高空急速俯冲，而下方的水里则聚集着一群海洋生物。长脖子的动物们游泳时把脑袋和脖子高高地昂起露出水面（如前文所述，实际上这种表达并不正确）。短脖子的蛇颈龙长着圆圆的大眼睛，又长又细的吻部长满了牙齿。它们是沙夫笔下侏罗纪世界里占统治地位的猎手。沙夫创作这样的作品时，恪守了严谨的创作原则，他根据新发现的化石来确定史前动物的尺寸和身体比例。

背景：为了确保科学上的准确性，为《与海怪同行》电影创作的古生物艺术作品必须基于化石材料提供的数据。

19 世纪，乔治·沙夫想象的侏罗纪水下世界。

道格·亨德森创作的现代派作品，薄片龙在海浪中翻腾。

这个位于英国锡德纳姆的海怪雕像创作于 19 世纪 50 年代，为了保持最佳状态，
它每年都要清洗一次。

在劳尔·马丁的插图中，一头白垩纪的鳄鱼正在战斗。

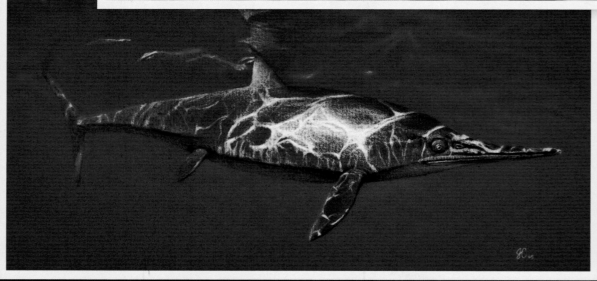

自学成才的艺术家朱利叶斯·科托尼画了这条鱼龙，这是一种侏罗纪时期的海怪。

1854 年，最早的史前世界立体全景园在英国的锡德纳姆向公众开放。通过与科学家的密切合作，英国艺术家本杰明·W.霍金斯用铁和混凝土建造了一些史前动物（包括几个海怪在内）的原尺寸模型。最开始，他们将 35 尊模型矗立在公园里（公园中有一个约 2.5 万平方米的大湖）。这些模型都被还原成它们生活时的姿态，让游客仿佛置身一个几千万年前的史前世界。此后，像霍金斯先生创造的这样的立体模型就成了自然历史博物馆的标准配置。这些实物模型的作用是显而易见的——好奇的公众就能像了解存在于当世某个遥远角落的动物一样认识灭绝了的史前世界的动物了。

最新的科学发现是今天古生物学影像创作的源头活水。道格·亨德森、劳尔·马丁和丹·瓦尔纳等人艺术创作的根基就在于古生物学家的科学研究和他们的野外发掘。通过化石提供的证据，他们创作出动态的、栩栩如生的场景以展示远古时代的爬行动物以及它们所栖居的那个世界。创作《与海怪同行》动物影像的艺术家也一样，同样需要凭借与专家顾问团队的密切合作来完成创作。动画制作团队为电影创造出真实的古代生物的影像，并且确保每个动物的行为活动都符合化石记录所显示的特征。

上图：在动画制作过程中，专家组会确保对所有生物的细节描绘，无论大型生物，还是小型生物，都符合当前的科学认识。

海王龙移动路径 1

快速游动时，桨状肢保持折叠状态，抵住身体

海王龙移动路径 2

有力的尾巴左右摆动

海王龙移动路径 3

海王龙游过来时，它的头和身体仍然保持一条直线

题在于，这每一个动物是怎样运动的呢？化石可以揭示动物的体形轮廓，偶尔还能提供一些有关表皮或其他软体组织的信息，但是这些静止的、无声的信息只有通过想象力的构建才能活动起来。这关系到如何将解剖学和物理学知识投射到几千万年前的远古时代。

要让这些远古生命活动起来，首先要观察现代生物。科学家建议视效艺术家用现代动物的运动方式来模拟古代动物的行为。可以通过观察企鹅的游泳行为去想象长喙龙桨状肢的运动。可以把鳄鱼当作幻龙行为的模型来对比研究。在动画图稿中，电影主要角色们的一整套游泳动作被完整地制作出来，以展示动物朝不同方向运动时的体态。古生物学家和动画设计师通力合作，但要通过动画准确地展现蛇颈龙桨状肢的运动，的确是一件非常困难的事。部分原因在于没有任何现代动物可以模拟这种史前动物的行为。所以在早期的动画版本里，长喙龙和神河龙桨状肢的摆动方式其实并不正确，现实中这样的摆动方式会让它们的前后肢在肩关节和髋关节脱位。

创作过程也是非常费时费力的，这需要在专家和创作者之间来来回回地反复打磨，有些细节必须严谨地对待——沧龙和蛇颈龙游泳时嘴巴不会张开，而且它们游动时脑袋也不会左右摆动；神河龙不能将它们的脖子抬出水面。那些熟知这些动物的人会仔细核对动画中的肢体活动，也会认真地将其与化石骨骼上观察到的关节方式相比较。无数次细微的调整，甚至具体到脊椎和肢骨之间的灵活程度的修改，这些工作完成后，创作就步入了最后的工序。

随着动画制作的推进，动物们就开始在晚白垩世的水域里互动起来了。模型化的角色通过数字技术整合到在巴哈马群岛拍制的环境镜头里，这样就让它们在一个真实的水下环境中游动起来。制作人员每周都会召开电话会议或现场会议评估每一个动画制作的流程，以确保动物们在运动方式上准确，解剖学上合理，画面能够让人信服。这些生物必须在水下的三维空间中活动，不仅仅是前后左右移动，而是 360° 的自由运动。

艺术家和古生物学家要对角色进行很多轮的校订和修改，以确保不会出现任何错误。有一些动物的创作相对容易，很快就能做成让艺术家和专家都满意的动画形象，而有些动物的创作却没那么容易。有些制作难度较高的动物之前从来就没有被准确地复原过，所以参考资料极少。而一些动物，比如一种叫作原金梭鱼的原始剑射鱼，近期才被发现，之前了解它们的人极少。其他一些动物则只有科学家基于化石绘制的平面线描图。要把这些远古动物想象并复原成真实的、鲜活的生命，这对科学家和创作团队来说是一个巨大的挑战，因为一切都要从零开始。

当这些动物的影像代替了化石骨架时，艰苦的工作终于有了回报。对细节一丝不苟的追求，让这些复活后的远古动物既能达到科学的标准，又能使普通观众着迷。电影摄制团队的每一位成员，从剧本作家到动画艺术家，从科学家到制作人员，每一个人都毫无保留地致力于影片的创作，力求准确地展示这些 8200 万年前的史前海怪的真貌。通过时间的积淀和团队的协作，这些动物终于复活了，它们又回到了 21 世纪的观众眼前。

海王龙攻击 1
最初的攻击之后，海王龙咬住了一条鲨鱼

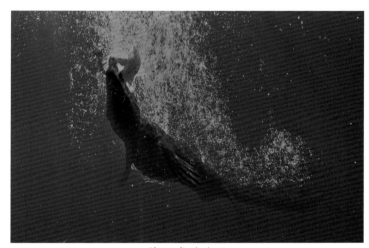

海王龙攻击 2
海王龙紧紧咬住鲨鱼，但并不会撕碎它

海王龙攻击 3
鲨鱼被调整到嘴巴里的合适位置，然后被整个吞下

就像今天它们的后代一
样，水母如幽灵一般漂浮
在晚白垩世的海洋中。这
些生物的化石非常罕见，
因为它们死后身体的软体
部分很快就腐烂分解了。

西部内海形成时，地球比现在温暖得多。北美大陆地势较低的地区被从墨西哥湾方向漫过来的海水浸没，海水一直延伸到加拿大，甚至往北远至北极圈附近。那时候地球上的极地还没有永久冰盖，海平面也位于地球历史上的最高位。西部内海的最低处深度不超过 180 米，但是它却覆盖了非常广阔的范围。这里不仅是大型海生爬行动物的家园，也是其他很多美丽而令人称奇的生物，如 4 米长的剑射鱼

一只托斯特巨鱿鱼优雅
地从一个鱼群中间滑过。
这种巨型鱿鱼的化石碎
块在堪萨斯白垩层中十
分常见，但是完整的化
石却很稀少。

摘掉眼镜，
准备进入下一页

图像版权

除以下图片外，所有图片均为 ©2007 NGHT，Inc. 所有：

1，DAMN FX；8-9，DAMN FX；10，DAMN FX；12-13，O. Louis Mazzatenta；15，O. Louis Mazzatenta；16-17，Pandromeda/DAMN FX；18，南澳大利亚博物馆；20-21，James R. Garvey/ 恩波利亚州立大学；22，库斯托海洋保护协会 / 图像库 / 盖蒂图片社；23，Christopher R. Scotese，Paleomap Project；24，斯坦伯格自然历史博物馆；26-27，Matte FX/NGM Art；27（右上图）Vo Trung Dung/CORBIS；27（左上图）Bettmann/CORBIS；27（下图）AP/Top Foto/The Image Works；28-29，Matte FX/NGM Art；29（上图），Bettmann/CORBIS；29（下图），Reuters/CORBIS；31，皮博迪自然历史博物馆；34，Richard Lewis/ 多林金德斯利出版社 / 盖蒂图片社；35，Douglas Henderson；38-39，Matte FX/NGM Art；50-51，Mark Thiessen/ 美国国家地理特效电影；52，Mark Thiessen/ 美国国家地理特效电影；53，英国自然历史博物馆，伦敦；58-59，英国自然历史博物馆，伦敦；58，Brand X 图片 /Alamy Ltd；60，美国福特海斯州立大学 – 福特海斯图书馆；61 所有，福特海斯图书馆；62，美国福特海斯州立大学 – 福特海斯图书馆；64-65，Mark Thiessen/ 美国国家地理特效电影；64，美国福特海斯州立大学 – 福特海斯图书馆；65 所有，美国福特海斯州立大学 – 福特海斯图书馆；66-67，Mark Thiessen/ 美国国家地理特效电影；66（上图），美国福特海斯州立大学 – 福特海斯图书馆；66（下图），美国福特海斯州立大学 – 福特海斯图书馆；67，美国福特海斯州立大学 – 福特海斯图书馆；69，Albert J. Copley/Visuals Unlimited；70，Mark Thiessen/ 美国国家地理特效电影；72，美国福特海斯州立大学 – 福特海斯图书馆；75，Mark Thiessen/ 美国国家地理特效电影；84-85，Matte FX/NGM Art；91（下图），Colin Keates/ 多林金德斯利出版社；101，落基山恐龙资源中心；104-105（背景图），Grzegorz Slemp/Shutterstock；104-105（上图），Ewell Sale Stewart Library，费城自然科学院；104-105（下图），Ewell Sale Stewart Library，费城自然科学院；105（下图），Alexander Gardner，堪萨斯州历史学会；106-107（背景图），Grzegorz Slemp/Shutterstock；106（上图），Ewell

Sale Stewart Library，费城自然科学院；106（左下图），Ewell Sale Stewart Library，费城自然科学院；106（中间图、右图），皮博迪自然历史博物馆；107，耶鲁大学藏书馆；112，John Sibbick/ 英国自然历史博物馆，伦敦；113，落基山恐龙资源中心；116，Philip D. Gingerich，117（上图），Robert Clark，117（上图中间图），Frank Greenaway/ 多林金德斯利出版社 / 剑桥大学生态学院提供；117，（下图、中间图），菲利浦·金格里奇；117（下图）菲利浦·金格里奇；118，Colin Keates/ 多林金德斯利出版社 / 英国自然历史博物馆，伦敦；120-121，落基山恐龙资源中心；132-133，美国明尼苏达大学詹姆士福特贝尔图书馆提供；135，道格拉斯·亨德森；136-137，道格拉斯·亨德森；138，D. van Ravenswaay/ Photo Researchers，Inc.；139（上图），D. van Ravenswaay/ Photo Researchers. Inc.；139（上图、中间图），美国国家航空航天局 / 喷气推进实验室 – 加州理工学院；139（下图、中间图），马克·皮尔金顿 / 加拿大地质调查局 / Photo Researchers，Inc.；139（下图），大卫·克林博士 / Photo Researchers，Inc.；140，Tom Bean；142，道格拉斯·亨德森；144（上图），劳力士奖 /Tomas Bertelsen；145（上图、左图），劳力士奖 /Tomas Bertelsen；145（上图、右图），劳力士奖 /Tomas Bertelsen；147（上图），迈克·厄维哈特；147（下图），帕梅拉·厄维哈特；148，Karen Varndell/Alamy Ltd.；149，Gary Staab/Lair Group Inc./NGM Art/DAMN FX；156-157，Mark Thiessen/ 美国国家地理特效电影；158，DAMN FX；160-161，Ira Block/ 美国国家地理特效电影；162，Gary Staab/Lair Group Inc./NGM Art/DAMN FX；163，Matte FX；164-165，Jeffery Sangalli；166，美国福特海斯州立大学 – 福特海斯图书馆；170，Mark Thiessen/ 美国国家地理特效电影；171，Mark Thiessen/ 美国国家地理特效电影；172-173，Ira Block/ 美国国家地理特效电影；174，丹·瓦尔纳；175(中间图)，《远古时代》(远古多塞特) 是侏罗纪时期海洋生活富有想象力的重建，由乔治·斯卡福（1820—1855）雕刻，查尔斯·约瑟夫·胡尔曼德尔（1789—1850）印刷，亨利·托马斯·德·拉·贝切（1796—1855）雕刻，英国牛津大学自然历史博物馆 / 布里奇曼艺术图书馆；175（下图），Douglas Henderson；176（上图），Fox Photos/ 盖蒂图片社；176（中间图）劳尔·马丁；176（下图）朱利叶斯·科托尼。

致谢

　　我想感谢很多人，他们为这本书做出了贡献，使本书的出版成为可能。特别是2001年我与《国家地理》杂志的安吉拉·博泽（Angela Botzer）和约翰·布雷达（John Bredar）的首次接触。他们对我所钟爱的领域抱有强烈的兴趣，并且一路以来给予我慷慨的帮助，对此我深表感谢。副制片人艾丽卡·米汉（Erica Meehan）一直跟进，让这个项目持续推进；而我的编辑艾米·布里格斯（Amy Briggs）则引导我把语言文字组织起来汇编成书；图片编辑克里斯·汉尼曼（Kris Hanneman）收集了很多精彩的照片；而艺术编辑梅丽莎·法里斯（Melissa Farris）则将这些照片整合在一起；我还要感谢我的合作顾问——肯尼斯·卡彭特（Kenneth Carpenter）和格伦·斯托尔斯（Glenn Storrs），感谢他们为这本书开展了大量极富成效的讨论。我想我们三个都会认为，能够生动地将皮肉巧妙而合理地附加到化石骨骼上，赋予这些奇妙的生物——真正的海怪以生命，是多么有价值，又多么令人兴奋的学习过程。各位在电影和本书中所看到的内容，是许多优秀人士共同工作的结晶。能成为这个项目的一部分，我深感荣幸。

——迈克·厄维哈特

版权登记号：01-2020-3944

图书在版编目（CIP）数据

史前海怪 /（美）迈克·厄维哈特著；吴飞翔译. —北京：现代出版社，2021.8
ISBN 978-7-5143-9331-6

Ⅰ. ①史… Ⅱ. ①迈… ②吴… Ⅲ. ①海洋生物—普及读物 Ⅳ. ①Q178.53-49

中国版本图书馆CIP数据核字（2021）第139754号

史前海怪

作　　者	［美］迈克·厄维哈特
译　　者	吴飞翔
责任编辑	王　倩　李　昂
封面设计	八　牛
出版发行	现代出版社
通信地址	北京市安定门外安华里504号
邮政编码	100011
电　　话	010-64267325　64245264（传真）
网　　址	www.1980xd.com
电子邮箱	xiandai@vip.sina.com
印　　刷	北京瑞禾彩色印刷有限公司
开　　本	965mm×635mm　1/8
字　　数	290千
印　　张	24
版　　次	2021年9月第1版　2021年9月第1次印刷
书　　号	ISBN 978-7-5143-9331-6
定　　价	168.00元